# 矿山高陡边坡岩体
## 非线性力学分析与安全预警系统研究

STUDY ON NONLINEAR MECHANICAL ANALYSIS AND
SAFETY EARLY WARNING SYSTEM OF HIGH AND
STEEP SLOPE ROCK MASS IN MINE

—— 薛锦春 著 ——

中南大学出版社
www.csupress.com.cn
·长沙·

**图书在版编目(CIP)数据**

矿山高陡边坡岩体非线性力学分析与安全预警系统研究 / 薛锦春著. —长沙：中南大学出版社，2022.11
　ISBN 978-7-5487-5179-3

Ⅰ. ①矿… Ⅱ. ①薛… Ⅲ. ①露天矿—边坡—非线性—岩石力学—研究②露天矿—边坡—矿山安全—预警系统—研究 Ⅳ. ①TD804②TD7

中国版本图书馆 CIP 数据核字(2022)第 213033 号

矿山高陡边坡岩体非线性力学分析与安全预警系统研究
KUANGSHAN GAODOU BIANPO YANTI FEIXIANXING LIXUE FENXI YU ANQUAN YUJING XITONG YANJIU

薛锦春　著

| □出 版 人 | 吴湘华 | |
|---|---|---|
| □责任编辑 | 史海燕 | |
| □责任印制 | 唐　曦 | |
| □出版发行 | 中南大学出版社 | |
| | 社址：长沙市麓山南路 | 邮编：410083 |
| | 发行科电话：0731-88876770 | 传真：0731-88710482 |
| □印　　装 | 湖南省汇昌印务有限公司 | |

| □开　　本 | 710 mm×1000 mm 1/16 | □印张 11 | □字数 219 千字 |
|---|---|---|---|
| □版　　次 | 2022 年 11 月第 1 版 | | □印次 2022 年 11 月第 1 次印刷 |
| □书　　号 | ISBN 978-7-5487-5179-3 | | |
| □定　　价 | 78.00 元 | | |

# 前　言

> >>>

　　露天矿山边坡开采高度与设计高度大于 100 m 的占大多数。因边坡高度大，边坡开采过程中揭露的岩层多，边坡各空间部位地质条件差异大，变化复杂，致使岩体不确定性因素增多；与此同时，露采台阶推进至最终边坡境界后，下一台阶接着开挖，边坡始终受开挖爆破动载荷的影响，处于不停的开挖扰动和变形过程中，不断开挖扰动是露天矿山边坡工程区别于其他边坡工程的又一重要特征。此外，露天矿山边坡还长期经受水化化学腐蚀作用。因此，露天矿生产过程中经常发生边坡失稳，危及矿山生产安全。对于水电、铁路和公路边坡工程，从岩石力学特性、变形破坏特征、能量耗散规律等方面，国内外学者进行了大量的研究和探索，但对于矿山边坡工程非线性力学特性的研究较少，有必要针对矿山边坡高度大，地质条件复杂，不停开挖扰动，长期水化化学腐蚀作用等特征，开展矿山边坡稳定性的非线性力学研究。

　　本书在总结国内外边坡工程研究经验的基础上，提出了一种适应矿山边坡的岩体质量分级方法，研究了循环冲击载荷与化学腐蚀耦合作用下岩石疲劳损伤机理，建立了矿山边坡岩体质量分级的知识库模型，研究适应矿山边坡工程的改进可靠度算法，构建了矿山边坡工程稳定性评价体系，用混沌理论揭示了矿山边坡岩体变形规律，建立了露天开采安全预警系统。主要研究内容如下：

　　(1)在总结国内外岩体质量分级研究成果的基础上，用岩石单轴抗压强度、RQD 值、节理间距、节理状态、地下水状态、节理方向和地应力状态 7 个指标建立了矿山边坡岩体质量评价体系。

　　(2)针对边坡岩石化学腐蚀和爆破频繁扰动问题，分析了循环冲击载荷与化学腐蚀耦合作用下岩石强度劣化、破坏模式、微观结构特征和冲击分形的演化特征，揭示了循环冲击载荷与化学腐蚀耦合作用下砂岩疲劳损伤机理。

(3)采用国内外大量矿山边坡工程数据，建立了矿山边坡岩体质量与其影响因素的神经网络知识库模型，实现了矿山边坡工程岩体质量智能分级。

(4)在总结蒙特卡洛法、统计矩法等可靠度计算方法的基础上，应用 Logistic 迭代方程，提出了一种新的矿山边坡岩体可靠度计算方法。该可靠度改进算法不需对功能函数求偏导即可得出可靠度指标，具有算法简单、程序编制方便等优点。

(5)采用基于 Logistic 迭代方程的可靠度改进算法分析了德兴铜矿杨桃坞、水龙山和西源边坡稳定性。研究显示，边坡岩体安全系数高，并不意味边坡岩体一定处于稳定状态；在自重条件下稳定的边坡岩体，并不意味着在考虑自重+爆破+结构面饱水的组合状态下边坡工程稳定，矿山边坡岩体稳定性与其可靠度系数和受力状态相关。

(6)用岩性特征、滑面特征、滑体大小、开采强度、爆破作用、后缘加载、水力侵蚀和设备活动 8 个指标构建了边坡稳定性评价体系，根据未确知测度和 Fisher 判别原理建立了矿山边坡岩体稳定性评价模型。通过矿山边坡工程实例分析，表明该方法判估错误率低，精确度高。

(7)在德兴铜矿杨桃坞和石金岩边坡采用多点位移计建立了边坡岩体变形安全监测系统，并根据边坡岩体变形监测数据，采用基于重构相空间的混沌理论，揭示了矿山边坡岩体的变形规律。

(8)根据边坡岩体变形特征，建立了矿山边坡岩体变形安全预警系统。工程应用表明，矿山边坡安全预警系统通过重构相空间技术放大岩体变形信号，可及时了解和分析边坡岩体变形情况，判断其是否处于预警区域，不仅可以对边坡岩体的稳定性作出预报，而且可反映出露天开采强度的合理性，为露天矿安全生产提供了技术保障。

本书是笔者在从事江西铜业集团股份有限公司露天矿山边坡稳定性科学研究项目及国家自然科学基金项目"循环冲击载荷与化学腐蚀耦合作用下砂岩损伤机理研究"(51664016)等科研成果基础上，结合国内外最新非线性力学与矿山边坡研究理论、方法及成果对露天矿山高陡边坡岩体非线性力学分析与安全系统研究所做的较为系统的总结。衷心希望能对同行起到抛砖引玉的作用。由于科学理论及面临问题在不断发展与探索中,书中难免出现问题甚至错误,诚恳欢迎各方面的批评和指正。

本书在撰写过程中得到著名的岩石动力学研究学者李夕兵教授、岩石力学研究学者赵奎教授、非线性岩石动力学研究学者董陇军教授的悉心支持和指导,他们渊博的学识和严谨的治学态度使我受益匪浅,导师谦虚、平易近人的美德令我难忘。在此谨向导师李夕兵教授及各位教授表示衷心的感谢!书中引用了许多国内外学者的文献和资料,在此不能一一列出,特致以最诚挚的感谢!

还要感谢江西理工大学给予的江西理工大学清江学术文库的出版支持,感谢中南大学出版社,感谢团队成员赵珠宇博士、王伟伟硕士、夏文斌硕士、张政辽硕士给予本人的许多帮助和支持。对所有在本人研究和本书出版过程中付出辛勤劳动及给予帮助的同志致以衷心的感谢!

薛锦春

2022 年 10 月于南昌

# 目 录

>>>

# 第 1 章 绪 论

## 1.1 概述

矿产资源是人类赖以生存的物质基础[1~6]。在矿产资源开发过程中，露天开采因具有受空间限制小，可采用大型设备，有利于实现生产自动化，资源回收率高，生产效率高，生产成本低，开采条件好等优势[7~11]，故浅埋矿产资源一般采用露天开采，甚至有的地采矿山也转为露天开采(如广东大宝山铜铁矿、栾川三道庄矿等)。目前世界上最大的露天铁矿年产量已超过 6000 万 t[12]，地下铁矿开采量无法与其相比。我国铁矿露天开采量约占铁矿开采总量的 80%~90%，有色金属矿露天开采量约占有色金属开采总量的 40%~50%，化工矿露天开采量约占化工矿开采总量的 70%，建筑材料露天开采量约占开采总量的 80%，煤矿露天开采量比重约占 5%，近年随着神华集团一些大型露天煤矿上马，煤矿露天开采量比重有增加的趋势[13]。

据统计[14~16]，目前露天矿山边坡开采高度大于 100 m 的边坡占 66.7%，设计高度大于 100 m 的边坡占 90.7%。因矿山边坡高度大，边坡开采过程中揭露的岩层多，边坡各空间部位地质条件差异大，变化复杂，致使岩体不确定性因素增多，生产过程中经常发生边坡失稳，危及矿山生产安全[17~21]。如 1982 年 6 月 8 日，攀钢石灰石矿采场西部发生了国内外罕见的大滑坡，滑坡总量达 1100 万 t，直接经济损失 2000 多万元，间接经济损失上亿元，影响生产近一年；1999 年 10 月 8 日和 10 月 16 日，陕西铅硐山铅锌矿由于连续降雨，造成两次较大的山体滑坡，总滑塌量约 50000 m³，直接经济损失 50 多万元；2002 年 3 月 15 日，四川金顶峨眉水泥厂石灰岩矿发生滑坡，造成 8 人死亡，直接经济损失超 2000 万元；2003 年 9 月 29 日，攀钢朱家包铁矿南边坡滑坡体高 110 m、宽 100 m，截断了公路，直接经济损失 4000 多万元；2003 年 10 月 31 日，大连甘井子区一石材厂边坡坍塌，3 名正在作业矿工被坍塌的边坡岩石掩埋；2006 年 5 月 27 日，安徽省无为市安泰石灰石矿 40000 m² 的边坡垮塌，造成 6 人死亡，1 人重伤；江西省一露天采石场，采用全段高开采，高度 35 m，坡面约 3 m 处有一根 6600 V 高压电线杆，边坡下部仍在开采，致使露采边坡逐渐变陡，2007 年 5 月 31 日，边坡发生前倾，25 名工人在边坡下部作业，约 1500 m³ 边坡岩石突然滑落，造成 15 人死亡、3 人重伤的重大安全事故；2010 年 6 月 12 日，位于湖州经济技术开发区的英美资源矿业有限公司发生一起边坡垮塌事故，造成 2 人死亡。统计分析表明[22~24]，在我国非煤露天矿山大中型边坡中，出现过变形或破坏的占大中型边坡总数的 42.7%，处于险级的边坡占大中型边坡总数的 19%，处于病级边坡占大中型边坡总数的 71%。当前非煤露天矿山大中型边坡灾害较为严重，矿山边坡稳定性研究刻不容缓。

与其他工程边坡相比[25~30]，水电工程人工边坡高度一般为 100~700 m，自然边坡高度为 100~1000 m；公路工程人工边坡高度为 50~150 m，自然边坡高度约 30~200 m；铁路工程人工边坡高度为 30~100 m，自然边坡高度约 50~300 m；露天开采系人工形成的边坡，高度为 100~800 m，走向长度 100~3000 m，边坡高度大、地质条件复杂是露天边坡区别于其他工程边坡的显著特征。此外，水电、铁路和公路边坡开挖完成后，长期保持其稳定性是最终目标；对于露天矿边坡，露采台阶推进至最终边坡境界后，下一台阶接着开挖，边坡始终受开挖爆破动载荷的影响，边坡处于不停的开挖扰动和变形过程中；没有开挖扰动，意味着露天矿山开采结束；不断开挖扰动是露天矿山边坡工程区别于其他边坡工程的又一重要特征。对于水电、铁路和公路边坡工程，从岩石力学特性、变形破坏特征、能量耗散规律等方面，国内外学者进行过大量的研究和探索[31~35]，但对于矿山边坡工程非线性力学特性的研究较少，有必要针对矿山边坡高度大、地质条件复杂、不停开挖扰动等特征，开展矿山边坡稳定性的非线性力学研究。

为此，本书在总结国内外学者边坡工程研究的基础上，针对矿山边坡岩体特征，提出一种适应矿山边坡工程的岩体质量分级方法，同时根据已有矿山边坡岩体研究成果，建立矿山边坡工程岩体质量分级的知识库模型；基于矿山边坡工程地质条件复杂，将边坡稳定性影响因素作为随机变量，研究适应矿山边坡工程的可靠度计算方法，采用可靠性理论研究边坡岩体稳定性；在分析矿山边坡工程稳定性影响因素的基础上，构建适应于矿山边坡工程稳定性的评价体系，判断矿山边坡工程稳定等级，为治理边坡提供依据；为揭示矿山边坡复杂变形特征，用混沌理论揭示矿山边坡岩体的变形规律，研究边坡岩体变形的预测模型，建立露天矿开采岩体变形的安全预警系统，为矿山安全开采提供技术保障。

## 1.2 国内外研究现状

### 1.2.1 工程岩体非线性动力学特性

非线性动力学理论的研究和发展已经历一个多世纪，其中，非线性动力学理论的发展大致经历了三个阶段[36]。第一阶段，对于非线性系统的动力学问题的研究可追溯到 1673 年 Huygens 对单摆大幅摆动非等时性的观察。第一阶段的主要进展是动力系统的定性理论，其标志性成果是法国科学家 Poincare 从 1881 年到 1886 年期间发表的系列论文《微分方程定义的积分曲线》，俄罗斯科学家 Liapunov 从 1882 年到 1892 年期间完成的博士论文《运动稳定性通论》，以及美国科学家 Birkhoff 在 1927 年出版的著作《动力系统》。第二阶段的主要进展是提出了一系列求解非线性振动问题的定量方法[37, 38]，代表人物有俄罗斯科学家 Krylov、Bogliubov，乌克兰科学家 Mitropolsky，美国科学家 Nayfeh，等等。他们系统地发展了各种摄动方法和渐近方法，解决了力学和工程科学中的许多问题。在这个阶段抽象提炼出了若干著名的数学模型，如 Duffing 方程、vanderPol 方程、Mathieu 方程等，至今仍被用于研究非线性系统动力学现象的本质特征。第三阶段从 20 世纪 60—70 年代开始，原来独立发展的分岔理论汇入非线性动力学研究的主流当中，混沌现象的发现更为非线性动力学的研究注入了活力，分岔、混沌的研究成为非线性动力学理论新的研究热点[39]。俄罗斯科学家 Arnold 和美国科学家 Smale 等数学家和力学家相继对非线性系统的分岔理论和混沌动力学进行了奠基性和深入的研究，Lorenz 和 Ueda 等物理学家则在实验和数值模拟中获得了重要发现。他们的杰出贡献使非线性动力学在 20 世纪 70 年代成为一门重要的前沿学科，在动力学、振动与控制学科的创立和发展过程中都占有重要的地位，成为当代动力学、振动与控制研究的一个重要分支。随着计算机代数、数值模拟和图形技术的进步，非线性动力学理论正在从低维向高维发展，非线性动力学理论和方法所能处理的问题规模和难度不断提高，已逐步接近实际系统。在工程科学界，以往研究人员对非线性问题绕道而行的现象已经发生了变化，不仅力求深入分析非线性对系统动力学特性的影响，使系统和产品的动态设计、加工、运行与控制满足日益提高的运行速度和精度需求，而且开始探索利用分岔、混沌等非线性现象造福人类。研究非线性动力学理论和方法对解决工程系统中的实际问题具有重要意义，非线性动力学的研究进展对工程系统的研究、设计和使用产生了深远的影响。

近年来，非线性动力学在理论和应用两个方面均取得了很大进展。随着非线性动力学理论和相关学科的发展，基于非线性动力学的观点以及现代数学和计算机等工具的发展，有效地实现了对工程科学等领域中的非线性系统建立动力学模型，预测其长期的动力学行为，揭示其内在的规律性，提出改善系统品质的控制策略。一系列成功的实践表明：许多过去无法解决的难题源于系统的非线性，而解决难题的关键在于对问题所呈现出的分岔、混沌和分形等复杂非线性现象具有正确的认识和理解。研究非线性系统动力学的方法可以分为定性方法和定量方法两大类。定性方法一般不直接求解非线性动力系统，而是从非线性系统的动力学方程入手，研究系统在状态空间的动力学行为。由于非线性微分方程一般没有统一的精确解法，所以定量方法只研究各种近似解法，如平均法[40]，KBM 法[41]，多尺度法[42]，谐波平衡法[43]等。定性方法和定量方法可以相互补充，定性方法可以得到系统解的拓扑结构和系统参数之间的关系，定量方法可以得到确定参数时的数值解。在研究各种复杂的非线性动力学问题时，两种方法缺一不可。

大多数岩土工程涉及到的岩体通常为非线性的不连续介质，因此工程岩体的力学特征不能单单采用传统力学的研究方法。对于工程岩体的非线性不连续介质，许多学者利用非线性动力学理论进行了相应研究。对于工程岩体非线性力学问题而言，岩体工程中大多具有不确定性力学影响因素：岩体是一种地质体，在漫长的地质年代中经历了长时期、多循环的地质与化学作用，作用强度不一，作用形式错综复杂，再加上爆破振动等人工因素影响，致使岩体的地质特征呈现强烈的空间变化性，不能准确构造岩体的工程力学模型；岩体工程的不确定性因素很多且难以定量估计，大量的统计分析只能减小量测"噪声"，岩体工程地质性质的固有变化性是永远存在的；岩体结构特征、强度和变形等参数的物理变化性可以通过考察样本数据实现定量化，但样本容量是关键的制约因素。岩体结构又具有非均质性：在漫长的地质历史中，形成结构面的力学条件及其他物理环境条件非常复杂，结构面是在岩体内部经地应力作用形成的，结构面的尺度是指面积的大小，在多数自然条件下结构面处于压、切应力作用下，故而多数是闭合的[44]。岩体结构的非均质性和岩体工程的不确定性力学影响因素导致岩石节理裂隙系统具有强烈的非线性特征，且为复杂系统[45]。复杂系统具有系统开放、远离平衡、自组织、内部非线性、演化过程不可逆、初值敏感、涨落和对称破缺等共性，复杂现象产生的主要原因包括系统演化过程的不可逆性、局部不稳定性和演变过程的非线性等。然而，经典科学以稳定、有序、单一、对称与平衡为主要特征，不涉及复杂性问题，因此需要寻找更适合的理论与方法，以解决岩石节理裂隙这一复杂系统的稳定性评价问题。岩石节理裂隙系统显然是开放的、不可逆的、初值敏感的、非线性的、耗散的和复杂的，因此选择非线性动力学理论研究其破坏机理是科学的[46]。混沌动力学是非线性动力学理论的重要组成部分，其基本原理是一个参数随时间而演化的序列不是孤立的，它受系统中多因素的综合影响，融合了复杂的、全面的系统信息，通过合适的相空间重构技术，对一个参数时间序列的分析可以再现系统的原始信息，可以对复杂的、貌似无序的时间序列提取一个宏观指标进行定性评价，这是非线性动力学理论应用于岩石节理裂隙系统稳定性分析的基础。

耗散结构理论由比利时科学家 Prigogine 于 1969 年提出，解决了 Clausius 热力学与 Darwin 进化论之间的矛盾问题[47]。耗散结构是指在远离平衡条件下，系统借助外界物质流和能量流而维持的一种在空间及时间上的有序现象，其形成须系统为开放系统，远离平衡，内部各要素之间存在非线性作用和涨落导致有序 4 个条件。耗散结构理论的一个核心概念是熵，与外界环境无物质交换和能量交换等任何联系的系统为孤立系统，其熵增加并趋于极大值；在给定温度下，与外界环境只有能量交换而无物质交换的系统为封闭系统，其自由能减小并趋于极小值；与外界环境既有能量交换又有物质交换的系统为开放系统，即熵交换的存在是开放系统和孤立系统的本质区别，远离平衡态的开放系统的研究有赖于非线性动力学理论[48]。地质系统演化过程的不可逆、非线性动力学机制所演化出的多样化自组织(或耗散结构)行为和混沌状态，是其复杂性的主要体现。因此，远离平衡条件下的非线性动力学机制是地质系统的内蕴特性，耗散结构理论是研究地质学的普适性原理，而非线性动力学及与之相关的数学专门学科(动力系统)，则是揭示复杂现象动力学机制的主要方法[49]。此外，工程岩体非线性动力学还可以进行模拟计算，目前有限单元法[50]、有限差分法[51]、离散单元法[52]等数值分析技术已被广泛应用于软岩工程的研究和设计过程中，并对岩石工程力学的发展起到巨大的推动作用。大多数岩体为非线性的不连续介质。不连续岩体的应力、应变及其破坏过程是非常复杂的，目前还没有成熟的计算岩体力学性态的模型和方法。从研究发展的趋势来看，大致有两种解决问题的途径：第一种把岩体抽象成为被节理、裂隙切割的块体体系，然后进行力学分析，比如离散元法[52]、极限平衡法[53]等；第二种是仍然用连续介质力学的方法，寻求反映不连续岩体特征的本构关系或把节理裂隙的力学性态作为附加条件加以考虑[54~55]，然后求解。第二种方法又可分为两类：一类是结合有限元或边界元素数法采取一些措施模拟节理裂隙，如有限元的节理单元；另一类是研究岩体的本构关系从而建立计算模型，如当量体法。近年来国际上又发展了一种新的数值分析方法——数值流形方法与非连续变形分析。非连续变形分析(DDA)是平行于有限元的一种方法，它与有限元方法不同之处是可计算不连续面的错位、滑动开裂和旋转等大位移的静力和动力问题[56]。在 DDA 基础上新发展的数值流形方法(NMM)是应用现代数学-流形的覆盖技术[57]，且将连续体的有限元法、非连续变形分析方法和解析法结合成更高层次的计算方法[58~60]。

1) 离散元法

离散元法最早是由 Cundall P A, 于 1971 年提出的一种不连续数值方法模型, 这种方法明显的优点是适用于模拟节理系统或离散颗粒组合体在准静态或动态条件下的变形过程[61~63]。离散单元法的基本思想, 可以追溯到古老的超静定结构分析方法。任何一个块体作为脱离体来分析, 总会受到相邻单元的力和力矩的作用, 正是在其合力和力矩的作用下产生变形和运动, 这种典型的思维方式在计算机发展的今天得到了实现。以每个单元刚体运动方程式为基础, 在建立描述整个破坏状态的方程组之后, 根据牛顿第二运动定律并结合不同的本构关系, 以动力松弛法进行迭代计算并结合 CAD 技术, 可形象直观地反映岩体运动变化的力场、位移场、速度场等各力学参量的变化。离散元法属于一种动态的分析方法, 要考虑到块体或颗粒受力后的运动状态以及由此导出受力状态随时间的变化, 以不连续体力学的方法研究各单元之间的相互接触和作用, 多种类型的单元适应了不同问题的需要, 还可以考虑渐近破坏、锚杆作用, 直观形象地显示块体运动过程。离散元法可以模拟节理岩体从变形到破坏直到塌落的运动过程, 因而在国内外获得了广泛应用。但其也存在局限性: 首先计算的节理是人工生成的, 并且必须全部贯通, 与工程实际会有很大差距; 另外, 采用刚性单元模拟坚硬岩石之间的作用时比较合适, 但对于软硬悬殊岩体的模拟显得过于简单, 计算偏差较大。

2) 有限元法

已经发展的一些近似数值分析方法中, 最初常用的是有限差分法, 它可以处理一些相当困难的问题[64~66]。但对于几何形状复杂的岩体, 其解的精度受到限制, 甚至发生困难。有限元法将连续的求解域离散为一组有限个单元的组合体, 解析地模拟或逼近求解区域。由于单元能按各种不同的联结方式组合在一起, 且单元本身可以有不同的几何形状, 因此可以适应几何形状复杂的岩体求解域。有限元法的另一特点是利用每一单元内假设的近似函数来表示全求解区域上待求的未知场函数。单元内的近似函数由未知函数在各个单元结点上的数值以及插值函数来表达, 这就使未知场函数的结点值成为新的未知量, 把 1 个连续的无限自由度问题变成离散的有限自由度问题, 只要结点未知量解出, 便可以确定单元组合体上的场函数。随着单元数目的增加, 近似解收敛于精确解。但是有限元法常常需要很大的存储容量甚至大得无法计算; 由于相邻界面上只能位移协调, 对于奇异性问题的处理比较麻烦, 这是有限元法的不足。

3) 边界元法

20 世纪 70 年代末期, 得到迅速发展的另一种重要的数值方法是边界元法。工程中大多数力学问题可归结为 LAPLACE 方程或 NAVIER 方程。这两种偏微分方程解的特点在于, 只要能找到满足给定方程又符合边界条件的函数, 这个函数即为所求的唯一解, 它一般可用积分方程获得。边界元法是把求解区域的边界剖分为若干个单元，将所求函数解简化为求单元结点上的函数值，通过求解一组线性代数方程实现求解积分方程[67~69]。边界元法只需对边界离散和积分，使维数降阶，自由度减少，因而使得工作量比有限元法大为减少，这一点在无限域或半无限域尤为明显。边界元法的基本解本身就有奇异性，可比较方便地处理所谓奇异性问题，因此边界元法得到了重视。对于多种介质构成的计算区域，边界元法的未知数要大为增加；当进行非线性或弹塑性分析时，为进行内部不平衡力的调整，也需在计算域内剖分单元，这时边界元法就不如有限元法灵活自如，这是其缺点所在。目前工程界，让边界元法和有限元法相互配合，以便更简单地解决一些复杂的工程问题。边界元法和有限元法的主要区别在于，边界元法是"边界"方法，而有限元法是"区域"方法，但都是针对连续介质而言，只能获得某一荷载或边界条件下的稳定解。对于节理裂隙发育的岩体或颗粒散体的处理则要麻烦得多，更无法对大变形、分离、回转及塌落过程进行模拟[70,71]。但是，在利用数值分析技术研究软岩工程问题时，经常遇到以下问题：（1）数值分析结果对岩体力学参数、工程断面形状及尺寸、开挖方式和方法等初始条件的变化异常敏感，初始条件的微小变化常常使计算结果呈现较大的分离；（2）初始工程力学条件相近时，短时期内其模拟分析结果相差不大，但长期模拟分析结果将有较大的差别。数值计算中的软岩工程问题均是确定性力学问题，不存在任何随机因素，但计算结果却呈现较大的分散性和随机性，以及长期力学行为对初始条件的敏感依赖性。

## 1.2.2 工程岩体质量分级

岩体质量是工程岩体所固有的、与岩体稳定性相关的基本属性，岩体质量由岩石的坚硬程度和岩体的完整性决定，工程岩体质量是复杂工程岩体地质特性的综合反映[72~75]。工程岩体质量不仅表征了岩体结构所固有的力学特性，而且为工程岩体稳定性分析、工程岩体合理利用以及正确选择各类岩体力学参数等提供了依据[76~78]。

工程岩体质量分级是设计和评价工程岩体稳定性的基础[79]。工程岩体质量分级与评价研究经历了近一个世纪的发展[80]，从早期较为简单的岩石分类到多参数的岩石分级，从定性分类到半定量或定量分类，从过去以单一影响因素、单一指标和定性划分为主，朝着多影响因素、多指标、定性与定量相结合的方向发展[81]。

1882年，法国莫氏根据矿岩硬度的不同，用刻划的方法将滑石到金刚石分为十个等级硬度，称为刻划硬度表。1909年，前苏联普洛托吉雅柯诺夫提出岩石的"坚固性"概念，并通过系统研究，提出普氏"坚固性系数"，将岩石分为十个等级。1911年，比尔鲍美提出用岩石天然破碎状态确定岩石荷载的五级分类法。

1946 年，太沙基提出以考虑岩石种类和岩石荷载相结合的分类方法，将坚硬岩石到膨胀岩石分为十个等级[82]，其后又将裂隙间距和岩石 RQD 指标也联系到一起。1950 年，苏联普洛托吉雅柯诺夫提出一种测定岩石坚固性系数 f 值的简易方法，称为捣碎法。1956 年，美国李温斯顿建立一种基于变形能量的爆破漏斗理论，提出变形能系数，利用该系数可对比岩石的可爆性、炸药单耗和爆破参数。1959 年，美国邦德用爆破功指数确定岩石可爆性，该方法源于破碎和磨矿工艺中"破碎功指数"。1963 年，日本小野李用岩体纵波速度与岩块纵波速度来评价岩体的完整性。1967 年，美国迪尔提出岩石质量指标（RQD）分类法[83]，将岩体分为五级。1972 年，美国威克汉姆按岩体的地质结构、节理面状态、节理含水状况提出了 RSR 岩体质量分级法。1973 年，南非宾尼阿乌斯基根据地质力学的分级方法，用 6 个指标总得分提出 RMR 岩体质量分级方法[84]。1974 年，挪威巴顿等提出岩体质量的 Q 系统分类法，Q 系统分类法和 RMR 分级法为国际上普遍应用的两大岩体质量分级体系[85]。1984 年，Williamson 提出统一分类法。1985 年，Romana 提出边坡岩体的 SMR 分类法。1994 年，Hoek 和 Brown 提出岩石强度指标 GSI 分级法[86]。

我国 20 世纪 50 年代广泛采用前苏联普氏分类法对岩体进行分级，20 世纪 70 年代后，随着工程建设的增多，普氏分级法受到一定的局限，提出了不同的围岩分类方法。20 世纪 70 年代最具代表性的有：BQ 标准工程岩体质量分级法[87]，水电水利工程围岩地质分类方法[88]，谷德振等提出的岩体质量 Z 分类方法[89]，杨子文提出的岩体质量指标 M 分级法[90]。随着工程技术的发展，20 世纪 80 年代，王思敬提出了岩体质量分级的弹性波指标分类法，费寿林基于凿碎法提出了岩石可钻性分级方法，陈德基提出了岩石质量分级的块度模数 MK 法，林韵梅提出了围岩动态稳定性的分级方法，钮强用爆破指标进行岩石分级，王石春提出了岩石质量的 RMQ 分类法，邢念信提出了坑道工程岩体质量分类法，水利水电部昆明勘测设计研究院提出了大型地下洞室围岩分类法。20 世纪 90 年代，王思敬提出了岩体性能指标的 Q 系数分级法，林韵梅提出了岩石稳定性、可凿性和可爆性的综合分类法，曹永成和杜伯辉提出了基于 RMR 体系的 CSMR 岩体质量分类法，秦四清等提出了岩体质量的分形维数分类法。近年来，很多新的理论与方法应用于岩体质量分级，王锦国、陈志坚等应用模糊数学、可拓方法建立了岩体质量的综合评价模型[91~93]，冯夏庭等将神经网络方法运用于岩体质量分级与稳定性评价中[94~100]，孙恭尧等建立了工程岩体质量评价专家系统模型[101]，章杨松把风险研究理论引入工程岩体质量的评价中[102]，马淑芝把结构面网络模拟应用到工程岩体质量的评价中[103]，李夕兵等把 Bayes 判别模型引入到工程岩体质量分级与岩体稳定性评价[104]中。

国内外岩体质量分级方法有单因素分级法（如 RQD 分级法、岩石单轴抗压强度分级法、岩体弹性波速法等)和多因素分级法(如 Q 系统分级法、Z 分级法、RMR 分级法等)[105~109],多因素分级法因考虑因素较多,与单因素分级法相比,多因素分级法更接近工程实际,在工程中应用较为广泛[110, 111]。

目前国内地下工程岩体应用较多的分级方法主要有:巴顿工程岩体质量的 Q 系统分类法,工程岩体 RMR 分类法,我国工程岩体 BQ 分级标准(GB/T 50218—2014),水利水电工程地下硐室围岩 HC 分类法,各分类方法所考虑的因素如表 1-1 所示。

表 1-1 地下岩体质量分级方法所考虑的因素一览表

| 分级方法 | 因素 | | | | | | | | | | | | | |
|---|---|---|---|---|---|---|---|---|---|---|---|---|---|---|
| | 结构面节理特征 | | | | | 岩体结构完整性 | | | 地质因素 | | | 岩体强度指标 | | 工程因素 | |
| | 节理间距 | 节理宽度 | 节理组数 | 节理粗糙度 | 节理走向 | 岩石质量指标 ROD | 岩体完整系数 | 结构面状态 | 地应力 | 地下水 | 风化蚀变系数 | 单轴抗压强度 | 点载荷强度 | 结构面产状 | 施工方法 | 工程尺寸 |
| Q 分类法 | ★ | | ★ | | | ★ | | | | ★ | ★ | ★ | | | | |
| RMR 分类法 | ★ | ★ | | ★ | ★ | ★ | | | | | ★ | | ★ | ★ | | |
| HC 分类法 | | | | | | | ★ | ★ | | ★ | | ★ | | ★ | | |
| BQ 分类法 | | | | | | | ★ | | ★ | ★ | | ★ | | ★ | | |

注:★表示该方法所考虑的因素。

岩体质量分级的工程实践结果表明,各方法均有其优点和缺点。如 Q 分类法强调节理状况,但未考虑岩块强度和工程因素;RMR 分类法考虑节理、地下水等因素,但对节理组数、地应力等未考虑;BQ 分类法对岩体强度过于敏感;HC 分类法适用于中低应力区,但在高地应力区会给分级结果带来误差。

## 1.2.3 边坡工程破坏因素研究

岩石是一种或多种矿物在地质作用下形成的固态集合体,是构成地壳和上地幔顶部的主要物质。在许多生产建设工程中会经常涉及边坡岩石破坏问题[112],如水利水电[113]、防护建设[114]以及能源开采[115]等。爆破以其经济、高效、快速的特点广泛应用于工程生产建设领域,成为破岩最主要的手段。药包产生的爆轰波在作用于周围岩壁上达到高效破岩的同时,其产生的残余能量会以冲击波的形式在边坡岩石中传递。在爆破过程中，震远区的边坡岩体常常会受到多次爆破残余能量所带来的冲击波动力扰动，不可避免地对边坡造成一定程度的震动损伤，宏观上则表现为岩石强度疲劳劣化，诱发致裂、脱落、失稳等现象，从而威胁整个边坡的稳定性，严重扰乱正常生产建设秩序，甚至带来巨大的经济损失及人员伤亡[116]。

从历年地下生产建设安全事故中可以发现，许多事故不仅发生在施工的工作面，即使远离工作面的井巷、硐室、巷道等构筑物附近事故也时有发生[117~121]。一次爆破产生的冲击波虽不至于造成爆破震远区边坡的直接破坏，但冲击波的频繁扰动会使得边坡整体结构面发生松动和滑移，新生裂隙的尺寸、数量和分布会不断增加，与原生裂隙逐渐扩展、贯穿、连通形成较大的主裂缝和裂隙群，伴随而来的则是岩石的物理力学性能疲劳劣化，边坡岩石的承载能力和区域稳定性逐渐下降甚至完全丧失。其次，水溶液在环境中广泛存在，边坡岩石长期受到水环境中 $Cl^-$、$SO_4^{2-}$ 等离子的影响[122]。岩石通过水化作用与溶液发生离子反应，内部的泥质、钙质、长石等易溶或可溶性矿物被剥离，从而产生一些粒间和晶体结构空洞，增加了岩石自身孔隙的尺寸、数量、分布和连通性，进一步有利于构建化学侵蚀通道，化学溶液沿主裂缝和裂隙群形成的侵蚀通道向岩石内部进一步蔓延渗透，进而引起岩石矿物成分和固有结构的变化，加剧化学溶液对边坡岩石的侵蚀，造成边坡岩体断裂、滑移、失稳等破坏[122~126]。在工程生产建设过程中，边坡岩石不仅受多次爆破引发的频繁冲击载荷作用，同时又受到复杂环境的化学腐蚀作用，加上边坡自身的重力及构造力，实际上是动静组合载荷与化学腐蚀的共同作用。因此，在破岩过程中，边坡在面临循环冲击载荷与化学腐蚀的耦合作用下的力学问题已成为当前亟待解决的研究课题之一。

自 20 世纪 60 年代起，试验人员根据岩石受到加载应变率的范围，分别研制出了基于不同应变率范畴的岩石加载试验装置，主要有蠕变试验仪、刚性伺服材料试验机、气动快加载机、霍普金森压杆及轻气炮等。其中，霍普金森压杆( split hopkinson pressure bar, SHPB) 被认为是研究岩石在动载作用下力学特性的理想装置之一[127]。SHPB 试验装置在岩石冲击动力学领域得到广泛引用，取得了许多有益的成果。其主要研究集中在以下四个方面：①加载波形的合理选择[128]；②损伤特征研究及其本构模型建立[129]；③能量耗散[130]；④强度特性和破碎变形规律[131]。Davies 等[132]利用分离式霍普金森压杆进行材料的动力压缩测试，研究固体材料的机械性能如何受动载荷施加速率的影响。李夕兵等[133, 134]利用自研制的 SHPB 试验系统开展了在岩石冲击荷载作用下的损伤累积分析，构建了岩石冲击损伤累积演化的力学模型，形成了以坚硬矿岩高效破裂与岩体大规模动力失稳控制为背景的岩石冲击动力学理论与实验体系。宫凤强等[135, 136]利用动静组合加载试验系统进行了砂岩的一维动力学特性试验研究，认为轴压比在 0.6~0.7 时，冲击强度会强化至最大。周宗红等[137,138]通过三轴 SHPB 试验装置开展了纯动态和动静组合加载下深部白云岩的动力学试验研究，分析了在不同静应力状态下冲击载荷对白云岩破坏特性和碎屑特征的影响。尹土兵等[139,140]通过改进的 SHPB 试验装置对花岗岩在温度和轴压耦合作用下进行动力学冲击加载试验，并结合 SEM 技术观察碎片的结构破坏特征，结果指出花岗岩的动态抗压强度随温度的升高而逐渐降低。金解放等[141,142]利用霍普金森压杆进行不同静载下砂岩的循环冲击加载试验，指出循环冲击作用下岩石的破坏模式与静载组合形式存在相应影响，无轴向静载情况无端部效应。谢和平等[143,144]阐明了外源能量作用岩石使得其发生不可逆变形和内部损伤，试样强度随着作用的时效性而逐渐降低。蔚立元等[145,146]考虑岩石破坏的分形维数，通过改进的动静组合加载试验系统对腐蚀后的灰岩试件开展冲击压缩试验，采用核磁共振技术获得了腐蚀试件的孔隙率和 MRI 成像图，得出了分形维数与化学损伤度呈线性正比的结论。何明明等[147,148]利用改进的 SHPB 装置开展了分级循环载荷下岩石动力学行为试验研究，分析了岩石应力幅值和应力水平受动弹性模量的响应特性，得到了耗散能随应力幅值、应力水平及含水率与动弹性模量的响应规律。周子龙等[149,150]利用 MTS Landmark 伺服加载试验装置研究了循环点载荷对红砂岩动态力学性能的影响。此外，数值模拟分析也成为岩石力学领域研究动静组合作用下岩石强度、破坏特征及变形规律的另一种方法。朱万成等[151,152]利用 RFPA 数值软件模拟岩石在不同静态和动态加载条件下的劈裂与变形过程，分析了岩石模型所表现出的不同破裂特征。唐春安等[153,154]利用自行研发的动力版 RFPA$^{2D}$ 程序模拟得到了岩石在动态加载下应力波延续时间、峰值和围压对其动态的破坏规律。Christensen 等[155]进行了系列限制压力条件下砂岩的应力波加载试验，结果表明限压条件下砂岩的动态强度高于静态时的 15%~20%。川北稔等[156,157]通过岩石冲击试验机对岩石在封压条件下进行三轴应力条件下的高速冲击压缩试验，指出岩石在低、中应变速率下动态强度缓慢增大的趋势，高应变速率范围动态强度以指数函数增大。Albertini 等[158,159]选用分离式霍普金森压杆进行试验，讨论了在高加载速率下实际骨料尺寸的大混凝土试件截面应力和应变的瞬时分布效应。我国李夕兵教授针对动静组合加载下岩石性能的相关问题，自行研制出了中高应变率加载状态下的岩石圆柱形动静组合加载试验系统，解决了岩石在一维或三维动静组合加载下的力学试验研究需要[160,161]。于亚伦等对多种矿岩进行了三轴动静组合加载试验，得出了矿岩破碎效果随着冲击速度的增加而得到改善，动态抗压强度随着应变率的增加而增大的结论。单仁亮等[162,163]利用动静组合加载试验装置分析了花岗岩在一维静压冲击加载状态下的应力-应变曲线特征，明晰了加载速率对岩石应力应变曲线峰前跃进性和峰后离散性的本构关系。陈荣等[164,165]利用修正的分离式霍普金森压杆系统对带预制裂纹的半圆三点弯花岗岩试样（stanstead granite, laurentian granite)进行 I 型断裂下动态断裂参数测量,发现动载荷加载速率对花岗岩的传播韧度、起裂韧度均有影响,且起裂韧度小于传播韧度。周子龙等[166]采用动静组合加载试验系统对冲击破碎块进行检验,发现应变速率在 $10^0 \sim 10^2$ s$^{-1}$ 范围花岗岩碎块具有良好的分形特征,且分形维数和能量密度的对数近似线性相关。

边坡岩石在化学腐蚀作用下的研究是国际岩石力学领域前沿课题[167~169]。近年来国内外学者高度重视化学腐蚀作用下边坡岩石力学性质的研究,就化学环境对岩石性质的劣化[170]、溶液种类对岩石反应的机理[171]、溶质含量对砂岩的损伤[172],以及从不同应力加载途径和水化反应程度对边坡岩石性质的影响[173]进行了大量的研究。苗胜军等[174, 175]对在不同 pH 溶液、不同流动速率下的花岗岩进行了单轴、三轴及劈裂压缩试验,分析了化学环境对岩石强度损伤、变形特征及力学参数的响应机制。汤连生等[176, 177]综合分析了三类岩石(花岗岩、红砂岩和灰岩)在水化学条件下的单轴抗压强度和断裂破坏的特征,表明了水-岩化学反应强度与岩石的损伤程度呈正相关。冯夏庭等[178, 179]通过新研制的岩石细观加载仪对化学腐蚀条件下的多裂纹石灰岩进行了压缩加载试验,获得了岩石压缩全过程变形演化特征、裂缝扩展方式及岩桥结合情况。韩铁林等[180, 181]通过比较不同 pH、不同浓度和不同成分化学溶液腐蚀后砂岩的强度、变形特性及其微细结构特征,发现经化学腐蚀后的砂岩具有从明显脆性向延性转化的趋势。蔚立元等[182, 183]利用分离式霍普金森压杆和核磁共振技术开展了 5 种应变率条件下酸腐蚀灰岩的单轴冲击试验和表面孔隙相关研究,指出腐蚀后灰岩的抗压强度和弹性模量敏感度较自然状态下更强烈。霍润科等[184, 185]用 HCl、$H_2SO_4$ 等溶液模拟砂岩受酸雨腐蚀的情况,阐明了岩石孔隙率和力学强度受酸腐蚀的变化规律,揭示了弱溶胶结颗粒溶解致砂岩力学弱化的机理。张虎元等[186, 187]就支护衬砌混凝土受地下水腐蚀析出的强碱性溶液对膨润土引起屏障性能的退化现象,研究了升温条件下强碱性 KOH 溶液对高庙子膨润土中胶岭石、微晶高岭石含量及微观结构的影响。丁梧秀等[188, 189]利用自研制的数字显微镜观测系统监测环境侵蚀下花岗岩全过程细观破裂行为及晶裂纹动态拓展过程。伊向艺等[190, 191]借助 Fluent 软件分析了岩石在酸液流动工况下裂缝壁面粗糙度受酸液反应速率的影响。Ning L 等[192, 193]研究了不同浓度酸性溶液环境养护对砂岩强度及变形特性的影响,并建立了化学损伤砂岩的力学模型。岳汉威等[194~195]对养护在质量分数 6% HCl 溶液中的花岗岩、大理石进行冲击球压试验,指出动态球压冲击对岩石受酸腐蚀时的损伤变化较静态球压法更敏感。

### 1.2.4 边坡工程破坏机理研究

1)边坡的类型[196~198]

边坡指具有倾斜坡面的岩土体。边坡按成因可分为天然边坡和人工边坡,天然边坡是自然形成的山坡和江河湖海的岸坡；人工边坡是人工开挖的基坑、基槽、路堑、路堤或土坝形成的边坡。按组成边坡的岩土性质，边坡可分为：黏土边坡、碎石边坡、黄土边坡和岩石边坡。

2）岩质边坡破坏类型

岩体边坡的破坏主要有如下类型[199~201]：

（1）边坡岩体平面滑坡：平面滑坡是一种最常见的边坡破坏类型。边坡岩体发生平面滑坡的条件：①边坡岩体受断层、节理裂隙控制；②岩层内部存在充填物；③结构面和边坡岩体的倾向相近。

（2）边坡岩体楔体滑坡：边坡岩体中有两组结构面斜交且出现在边坡上成相交楔形体，边坡岩体极容易发生楔体滑坡。

边坡岩体发生楔体滑坡的条件：①边坡岩体中出现两组结构面；②边坡岩体中结构面交线的倾向与边坡倾向相近；③边坡岩体结构面倾角小于坡面角且大于岩体的内摩擦角。

（3）边坡岩体倾倒破坏

边坡岩体倾倒破坏发生的条件：①边坡岩体中存在层状结构面；②边坡岩体层状结构面呈平行状态；③边坡岩体层状结构面的倾向与边坡的坡面相反。

3）滑坡形成的条件[202~205]

边坡滑坡是多因素综合作用的结果，其形成条件可分为内部条件和外部条件。边坡滑坡的内部条件取决于边坡内的物质构成（边坡岩性、边坡地质、边坡岩体内的断层、节理裂隙）和地形影响，如边坡的结构参数（形状、坡度）、地层岩性、地质构造等。外部条件是边坡滑坡的诱导因素，在满足边坡滑坡的内部条件的条件下，在某一种或多种外部因素的激发条件下，边坡就会发生滑坡。国内外研究经验表明，边坡滑坡的外部诱导因素有：降雨、地震、地下水以及一些人为的因素。降雨极易引发边坡产生滑坡，其作用主要表现在，雨水大量下渗导致边坡上的岩土层饱和，增加了滑体重量，降低岩土层抗剪强度，导致滑坡。

地震无疑会导致边坡产生滑坡，地震的强烈作用会使边坡岩体内部结构发生破坏，结构面张裂和松弛，另外，强烈地震往往伴随着许多次余震，在地震力反复冲击下，边坡极易发生变形，发展成滑坡。

4）滑坡人为因素[206~210]

人为因素在加速滑坡形成、加快滑坡发生上起着至关重要的作用。滑坡形成过程中，人为因素较多。如露天矿的采场与排土场发生滑坡，大部分原因是在排土场坡脚或坡面乱采乱挖、排土场超排、地下开采坡脚被掏空、大药量爆破振动、坡面排水沟断裂造成地表水径流冲蚀、在坡顶堆放大量废渣等。

5）滑坡形成过程[211~214]

边坡滑坡一般经历蠕变，蠕滑，滑动和停止四个阶段。

蠕变阶段：滑坡形成初期，边坡上无明显开裂变形现象，滑动面尚未形成，滑移面仅开始蠕变，无明显的位移。

蠕滑阶段：弧形裂缝形成，裂缝逐渐扩大，而后相互联通，滑移面从前缘、后缘逐渐向中部发育，但滑移面尚未完全贯通。

滑动阶段：裂缝出现加速，滑移面完全贯通，整体滑移开始。

滑动停止：中高速滑动边坡岩体经过一个滑动过程便进入停止滑动期，此时边坡处于力的平衡状态；对于低速滑动的边坡岩体，滑动阶段和停止阶段交互进行，经历时间数天，甚至数年才稳定。

6）滑坡强度[215~218]

滑坡活动的强度与滑坡规模、边坡岩体滑移速度、边坡滑移距离及边坡岩体蓄积位能和产生功能相关。一般来说，滑坡岩体位置越高、滑移体体积越大，滑移体运动速度越快，边坡岩体移动距离将越远，滑坡强度也将会越高，其危害程度也将越大。影响边坡滑坡活动强度的主要因素如下。

岩体力学性质：边坡岩体力学强度越高，完整性越好，边坡产生滑坡的概率越小。构成滑坡体的岩体力学性质直接影响边坡滑速的高低，一般来说，边坡岩体的强度越低，边坡岩体滑移越突然，滑动速度越高。

岩体地质构造：边坡岩体中有很多地质构造切割、分离坡体，边坡岩体中地质构造越发育，滑坡规模往往越大，滑坡强度越高。

边坡地形条件：边坡岩体的坡度越陡，高差越大；滑坡体的位能越高，滑坡体滑速越快，滑动强度越高。边坡地形越开阔，则滑移距离越远，滑动强度越高，破坏性越大。

诱发影响因素：诱发边坡滑坡活动的外界因素越强，滑坡活动强度越高。如强烈地震、特大暴雨诱发的滑坡一般为高速滑坡，而且滑动强度高，危害程度大。

## 1.2.5　边坡工程稳定性研究方法与理论

1）边坡稳定性研究进展

早期边坡研究以土体为研究对象，采用材料力学、均质弹性和弹塑性理论进行计算分析，后来将此方法应用于岩质边坡稳定性研究，由于土质边坡与岩质边坡的力学机理大相径庭，岩质边坡的计算结果与实际情况存在较大的差别[219, 220]。1959 年法国 Malpasset 坝岩体崩溃及 1963 年意大利 Vajont 坝边坡滑坡等，使人们认识到了岩质边坡理论研究的不足，促进了岩质边坡稳定性研究的发展[98]。

20 世纪 50 年代，我国很多学者采用苏联"地质历史分析法"研究铁路路堑边坡和引水渠道边坡稳定性，给出稳定的边坡角，作为边坡设计依据[221~222]；岩质边坡稳定性研究几乎完全用土力学方法，岩质边坡稳定性计算建立在刚体极限平衡力学基础上，目前已提出了一系列多块体的极限平衡法，其中以 Sarma 法最为适用。

20 世纪 60—70 年代，我国一些水电工程中遇到边坡滑坡，人们开始意识到边坡滑坡破坏具有时效过程特性，是一种累积过程，即从量变到质变的演化。一些学者研究边坡失稳的模式与机制，确定了边坡岩体类型，提出了实体比例投影法进行块体滑移破坏的计算，判别边坡稳定性；同时进行边坡岩体的大型野外力学试验，采用岩体力学及理论力学，运用经典数学物理方程求解稳定安全系数，计算边坡结构体内的应力-应变关系，在边坡稳定计算分析方面有了很大进展[223]。

20 世纪 80 年代，随着计算机的普及和科学技术的发展，边坡稳定性研究进入新的发展时期，计算理论及数值模拟技术广泛用于边坡稳定性研究，动力学方法，如离散元法、DDA 法、数值流形法、FLAC 法等得到了广泛应用；同时，随着工程建设的发展、工程规模的不断扩大，边坡工程的岩体条件越来越复杂，随机理论、模糊数学、灰色理论、人工神经网络、突变理论、分形理论、混沌理论等分析方法也应用于边坡工程稳定性研究[13, 224, 225]。

2）边坡工程地质分析法

边坡工程地质分析法是在对边坡进行工程地质勘察的基础上，分析影响边坡稳定性的因素、可能破坏的方式及破坏力学机制、工程岩体的成因等，从而得出边坡稳定状况，并研究其破坏的可能性，该方法的理论基础是地质成因演化理论、工程地质类比法和工程岩体结构控制论[13, 226, 227]。

3）图解法[228]

边坡工程稳定性分析的图解法包括赤平极射投影法、实体比例投影法和摩擦圆法等。边坡工程图解法能直观、快速地分辨出影响边坡稳定性的主要结构面和次要结构面，从而判断出边坡中不稳定块体形状、大小和可能滑动的方向，确定边坡结构稳定类型。

通常图解法提供一种定性的结论，判定为不稳定的岩质工程边坡，需要进一步用计算方法加以验证。

4）极限平衡法

极限平衡法是目前边坡工程中稳定分析最常用的方法[222]，它以摩尔-库仑抗剪强度为理论基础，将边坡滑坡体划分为若干个垂直分条，根据力平衡原理，建立作用于垂直分条上的方程式，而后求解边坡安全系数。由于边坡岩体的力学性质复杂，建立模型与选取参数不可避免地会使计算结果与实际不吻合，极限平衡法常用方法有以下几种[223]。

①瑞典条分法。

瑞典条分法计算边坡安全系数被广泛应用，其基本假定条件为边坡为平面应

变问题，边坡滑移面为圆弧，沿滑移面法向分解条块重量求法向力[223]。安全系数 $F_S$ 公式为

$$F_S = \frac{\sum (c_i l_i + w_i \cos \alpha_i \tan \varphi_i)}{\sum w_i \sin \alpha_i} \tag{1-1}$$

式中：$c_i$，$\varphi_i$ 分别为条块滑移面上黏聚力和内摩擦角；$l_i$ 为滑移面长度；$\alpha_i$ 为滑移面倾角；$w_i$ 为滑移条块的重量。

以上分析方法没有考虑条块间力的相互作用，仅以满足滑移体力矩平衡为条件，计算的安全系数偏低。在有效应力条件下，边坡稳定性安全系数为[229]

$$F_S = \frac{\sum [c_i' l_i + (w_i \cos \alpha_i - u_i l_i) \tan \varphi_i']}{\sum w_i \sin \alpha_i} \tag{1-2}$$

式中：$c_i'$，$\varphi_i'$ 分别为条块滑移面上有效黏聚力和有效内摩擦角；$u_i$ 为滑移条块孔隙水压力。

②Bishop 条分法

Bishop 条分法在瑞典条分法基础上进行了改进，假定滑移面的形状为滑裂圆弧面，且条块间仅有水平方向的作用力，没有垂直方向上的作用力。该方法计算得到的安全系数比瑞典条分法精度高。

安全系数 $K$ 计算如下[230]：

$$K = \frac{\sum [c_i' l_i + (w_i - u_i l_i) \tan \varphi_i'] / [\cos \alpha_i + \frac{\tan \varphi_i' \sin \alpha_i}{K}]}{\sum w_i \sin \alpha_i + \sum Q_i \frac{e_i}{R}} \tag{1-3}$$

式中：$Q_i$ 为条块的水平作用力；$R$ 为滑移面半径；$e$ 为从分条质心到矩心的垂直距离；其他同前文。

为了克服 Bishop 条分法易陷入局部极值的问题，梅胜全等用免疫粒子群算法，引入免疫选择机制，建立了 Bishop 条分法优化计算模型，算法如下[230]：

$$\begin{cases} \bar{f}(x) = [\sum_{i=1}^{r} f(x_i)]/r \\ \rho = \bar{f}(x)/f(x_i) \\ P_c = h\left(\frac{f_g(x) - \rho \bar{f}(x)}{f_g(x) - \rho f(x)}\right) \\ Z_i = R(P_g, x_i) \propto \varphi \cdot | P_c \cdot n | \end{cases} \tag{1-4}$$

式中：$\bar{f}(x)$ 是平均适应值；$P_c$ 是疫苗生成概率；$x_i$ 为粒子数；$Z_i$ 为生成的疫苗值；$r$ 为随机调节参数，$0<r<1$；$R(P_g, x_i)$ 是随机选择函数；$f_g(x)$ 表示粒子群中

全局最优抗体的适应度；$\varphi \cdot |P_c \cdot n|$ 表示交叉变异算子。

③Sarma 法。

边坡稳定性分析的 Sarma 法是极限平衡法的新发展。其基本思路为：除非边坡破坏滑体是沿一理想平面或弧面滑动，才可能作完整刚体运动，否则，滑体必须先破裂成多个可相对滑移块体，才有可能发生滑动，也就是说在滑体内部发生剪切破坏的情况下，边坡才有可能滑移[231]。

Sarma 法计算前先将边坡分成很多条块，由条块在垂直方向和水平方向上力平衡原理，可建立如下方程[232]：

$$N_i\cos\alpha_i+T_i\sin\alpha_i=-P_i\sin\beta_i+W_i+X_{i+1}\cos\delta_{i+1}-X_i\cos\delta_i-E_{i+1}\sin\delta_{i+1}+E_i\sin\delta_i \quad (1-5)$$

$$T_i\cos\alpha_i-N_i\sin\alpha_i=-P_i\cos\beta_i+X_{i+1}\sin\delta_{i+1}-X_i\sin\delta_i+E_{i+1}\cos\delta_{i+1}-E_i\cos\delta_i \quad (1-6)$$

式中：$E_i$，$X_i$ 为作用于条块左侧界面上的法向力和切向力；$\delta_i$ 为条块左侧界面的倾角；$N_i$，$T_i$ 为作用在条块底面上的法向力和切向力。

由莫尔-库仑破坏准则，条块底和左右界面上，有

$$T_i=(N_i-U_i)\tan\varphi_i+c_il_i \quad (1-7)$$

$$X_i=(E_i-pW_i)\tan\varphi_{ei}+c_{ei}d_i \quad (1-8)$$

$$X_{i+1}=(E_{i+1}-pW_{i+1})\tan\varphi_{ei}+c_{ei+1}l_{i+1} \quad (1-9)$$

式中：$d_i$ 为条块界面高度；$U_i$ 为条块底面孔隙水压力；$pW_{i+1}$ 为条块界面孔隙水压力；$c_i$ 和 $\varphi_i$ 为条块底经安全系数 $F_r$ 折减后的内聚力和内摩擦角；$c_{ei}$ 和 $\varphi_{ei}$ 为条块左侧面经安全系数 $F_r$ 折减后的内聚力和内摩擦角。

采用迭代计算可得出边坡岩体的安全系数。

Sarma 法分析边坡岩体安全系数过程比较复杂，苏忖安[232]、李建明[233]、王旭[234]、蒋水华[235]等对 Sarma 法提出了改进算法。

④Spencer 法。

边坡稳定性分析的 Spencer 法假定条块间作用力方向相同，满足力与力矩平衡条件，克服了其他方法仅适用于对称问题的缺陷[223]。

假定条块间合力 $P$ 与水平方向夹角 $\theta$ 固定，各条块间的合力方向相互平行，取垂直和平行条块底面方向力的平衡条件，有[236~237]

$$N_i+(P_i-P_{i-1})\sin(\alpha_i-\theta)-W_i\cos\alpha_i+K_cW_i\sin\alpha_i=0 \quad (1-10)$$

$$S_i-(P_i-P_{i-1})\cos(\alpha_i-\theta)-W_i\sin\alpha_i-K_cW_i\cos\alpha_i=0 \quad (1-11)$$

式中：$N_i$ 为各条块底面法线方向上的合力；$S_i$ 为各条块底面切向力；$W_i$ 为各条块的自重；$K_cW_i$ 为水平方向上的作用力；$\alpha_i$ 为各滑移面的倾角。

采用莫尔-库仑准则，有

$$S_i=(N_i-U_{bi})\tan\varphi_i'+c_i'l_i \quad (1-12)$$

对于同一种岩石，有

$$\varphi_i'=\varphi'、c_i'=c'$$

式中：$\tan\varphi' = \tan\varphi/F$；$c' = c/F$。

式（1-10）和式（1-11）中，仅 $F$ 和 $\theta$ 是未知量，通过迭代计算可得出边坡安全系数值。

⑤摩根斯坦-普赖斯法。

摩根斯坦-普赖斯法可分析边坡任意曲线形状的滑面，该方法将潜在滑坡体划分为无限小宽度的条块，构建力矩和力的平衡微分方程，确定边坡中潜在滑移面法向应力和边坡安全系数[223]。

摩根斯坦-普赖斯法计算边坡安全系数推导过程比较复杂，目前加拿大 GEO-SLOPE 公司已开发了该方法的 SLOPE/W 软件，可以综合考虑地下水、静水压力、加固锚索等影响因素[238, 239]。

⑥传递系数法。

传递系数法又称为折线法，也有文献称不平衡推力法，为我国工程技术人员提出的一种刚体极限平衡边坡稳定性分析法[240]。该方法计算简单，能计算出边坡治理工程中下滑推力，在水利、交通和铁路工程中应用广泛，我国规范中将其列为推荐使用的方法[241]。

5）数值计算方法

随着计算机的发展，数值计算与数值分析方法发展迅速[242~244]，目前数值计算方法在边坡稳定性分析中普遍应用的有：有限元法，有限差分法，边界元法，无界元法，不连续变形法，离散单元法，拉格朗日元法，流形元法等[245~249]。

①有限元法[250~253]。

有限元数值模拟是一种较成熟的数值分析方法，早在 1967 年就应用于边坡稳定性分析中[13]，是目前广泛使用的一种数值模拟方法。边坡受力及其破坏过程在计算机中得到真实再现，与物理相似模拟相比，成本大大降低。有限元法基于最小总势能变分原理，能方便、快速地处理各种线性或非线性力学问题。有限元法将研究区域分成有限个小区域或单元，各单元的结点与其相邻单元连接，所有单元的集合为整体研究的对象，采用连续体力学原理建立起力和位移关系的方程组，通过解方程组的形式来求解研究对象的未知物理量，得出各单元的应力、应变、位移等量值。有限元法就是这样通过研究单元受力与变形，得到整体区域受力与变形的。

②边界元法[254~256]。

边界元法以拜特互等定理积分方程为基础，建立直接法方程；采用叠加原理可建立间接法的总体方程。边界元法由于前处理的工作量少，能有效模拟远场效应，应用于无界或半无界域问题的求解。边界元法把边值问题作为求解边界积分问题，在求解域的边界上划分单元，求解积分方程数值解，进而求解出区域内任意点的场变量。边界元法与有限元法相比，具有降低分析区域维数（将三维问题化为二维问题,将二维问题变为一维问题)、输入数据简单、计算量少、精度高等优点,在许多工程领域内得到了应用,尤其是对均质或等效均质围岩的地下岩土工程问题研究更为方便。但对于非连续多介质区域、非线性问题求解,边界元法不比有限元法有效。

③拉格朗日元法[257~259]。

拉格朗日元法用显式差分法进行求解,要求所分析的介质在变形过程中是连续的。该方法将研究区域划分为网格,映射在数学网格上。对于网格中的各个结点,假设在某一时刻各结点速度是已知的,由高斯定理可求得各单元的应变增量,而后根据材料本构关系求出各单元的应力增量和全应力。由单元应力求出各结点上的不平衡力,进而求出各结点在不平衡力作用下的加速度和速度,由速度再求出下一时步各单元的应变和应力,如此循环进行,直至求解的问题收敛。

④离散元法[260~262]。

离散元法是 Cundall 在 1971 年提出来的,是一种显示求解数值算法,其理论基础是牛顿第二定律。离散元法也和有限元法一样,将研究对象的整体区域划分成单元,单元受节理不连续面控制。单元在运动过程中,与其相邻接的单元可以接触,也可以是分开的。单元间的相互作用力由力和位移的关系求得,单元运动由该单元所受不平衡力和力矩的大小按牛顿定律确定。

⑤不连续变形法(DDA)[263~265]。

不连续变形法(DDA)是石根华博士于 20 世纪 80 年代末提出的一种新的数值分析方法,用于研究复杂加卸载条件下,离散块体的不连续和大变形的力学行为。该方法吸收了离散元法的精华,并加以发展。模型中各块体单元间满足平衡方程,放松了协调性要求,在块体单元的接触面上用摩擦方式来消耗能量,块体单元可发生开裂、脱离与滑动,但不允许互相嵌入,且不能承受拉应力,并用岩体关键块理论和数学拓扑学建立了块体运动理论,将各块体单元有机地联系起来。

⑥流形元法(manifold method)[266~268]。

流形元法是一种新的数值模拟方法,它将连续介质力学有限元法和不连续变形方法(DDA)结合起来,在研究结构应力和结构破坏以后块体运动规律方面表现出较强的适应性。流形元法不仅可以分析连续介质力学,能像有限元法那样精确求解连续介质的内部应力分布,而且可以处理不连续面闭合、张开、多缝面接触等复杂问题,还能像 DDA 那样模拟不连续结构面的接触和块体介质的运动规律。

6)可靠度计算方法[269~271]

边坡工程的岩土介质比较复杂,在设计施工过程中,有很多影响边坡工程安全的不确定性因素。因此,在设计中用确定性方法进行边坡安全系数分析存在一定的局限性[13]。可靠度计算方法用随机变量描述影响边坡工程稳定性的因素,而后根据各随机变量的概率分布和特征参数,得出边坡岩体的破坏概率即可靠度,与边坡安全系数计算方法相比,边坡可靠度计算方法客观,可以定量地反映出边坡的安全性。

边坡工程岩体可靠度分析常用方法有蒙特卡洛(Monte Carlo)模拟法,一次二阶矩法,统计矩法,JC法,响应面法,随机有限元法等。

7)突变理论分析方法

法国数学家 Thom 于 1970 年研究不连续现象并创立了突变理论[272]。许强等研究不同产状岩体突变失稳规律,建立了边坡岩体势能函数,提出了几类岩体的突变模型[273, 274]。

边坡系统的研究表明[275],边坡工程与外界环境的不断物质与能量交换体现了边坡系统的开放交换原则。边坡工程受降雨强度影响,其变化特征由微涨落放大成巨涨落,体现了边坡系统的涨落放大原则。不同滑移面形成优势滑面的过程体现了边坡系统的竞争协同原则。边坡工程岩体前期蠕变与后期水力影响触发边坡岩体急剧破坏,体现了边坡系统的渐变突变原则,渐变突变是边坡工程系统的演化途径,突变破坏是边坡滑坡过程的必然结果。

颜可珍等采用突变理论评价边坡在降雨情况下的稳定性,建立了边坡在降雨冲刷情况下的稳定性分析体系,并应用于工程实践[276]。周利杰等在分析岩层受力基础上,运用突变理论研究弯曲倾倒破坏边坡的力学机制,研究得出岩质边坡倾倒破坏中,其内部因素起主导作用、外部因素起触发作用[277]。姜永东等考虑内外部环境因素对边坡稳定性影响,建立边坡破坏突变模型,研究了突变模型中各控制变量对边坡蠕滑快慢的影响,应用刚度效应失稳理论得到边坡产生蠕滑失稳判据[278]。刘文方等考虑软弱夹层边坡岩体特性,采用突变理论建立了燕尾形突变模型,分析边坡滑坡演化的突跳过程[279]。

8)综合分析方法[223, 280~282]

采用单一的边坡稳定性分析方法存在自身缺陷,近年来边坡稳定性分析出现了一些综合分析方法,如遗传算法与 Sarma 算法相结合、极限平衡法与 FLAC 法相结合、遗传算法与神经网络理论相结合等。边坡工程综合分析法成为边坡工程稳定性分析的新趋势,因其可充分发挥各种方法的优点,起到相互补充、互相完善、扬长避短的作用。

## 1.2.6 边坡稳定性安全评价方法与理论

1)模糊评价法[228, 283, 284]

模糊评价法是将模糊评判理论与层次分析相结合进行边坡稳定性评价的一种分析方法。其主要原理:在地质工程调查、工程勘察基础上,根据边坡工程所处的条件,确定影响边坡工程稳定性的各种因素,用层次分析法划分出各因素所处的层次，建立各因素的递阶关系，求出各影响因素对边坡工程稳定性的影响程度，而后采用模糊评判理论中的最大隶属度原则，将边坡分成不稳定、较不稳定、较稳定及稳定等几个等级。

2) 神经网络评价法[285~289]

神经网络是一非线性系统，采用数学方法形成一种能抽象模拟人脑基本特性与功能的并能大规模处理信息的网络，即一种新型信号运算体或信息处理系统。神经网络具有并行信息处理、分布式信息储存、高度容错性、自适应性、自组织性、优化计算等优点。用于边坡工程稳定性评价的神经网络模型主要有 BP 模型、Blotzmann 模型、自组织映射模型、Hofield 模型等。

用神经网络评价法研究边坡工程岩体稳定性时，一般根据已有的研究资料，选取影响边坡稳定性的因素作为神经网络的输入变量，边坡稳定性等级作为神经网络的输出变量，建立边坡岩体稳定性影响因素与边坡稳定等级的非线性映射模型，预测与评价边坡岩体稳定性。

3) 灰色系统评价法[223, 290~292]

对系统进行分析，定量分析方法一般采用数理统计方法，其中回归分析使用最普遍。但回归分析要求有大量样本数据，且可能出现量化计算结果与定性结果不符的缺点。灰色系统评价法不受上述局限，适用于不完全的信息系统。灰色系统评价法将系统各因素通过数据处理(归一化处理)，在随机的各影响因素序列中，找出各因素的关联性，找出主要影响因素和次要影响，适合于数据有限、复杂、没有原型且具有不确定性的边坡稳定性分析与评价。这种方法不能用力学理论计算，只能定性地评价边坡工程稳定性。

4) 遗传算法评价法[293~295]

遗传算法是基于模拟达尔文生物进化的一种计算模型，属于一种全局优化的搜索算法，具有简单通用、鲁棒性强、能并行处理等优点。遗传算法在每次迭代运算过程中，均进行下述操作：把每一组用基因形式描述的候选解进行交叉和变异操作，使评价适应环境能力，选定参与生成后代的候选解，重复进行此过程，直到收敛，得出全局最优解。对于边坡工程，可采用遗传算法评价法解决边坡工程稳定性评价中的动态聚类全局最优问题。

## 1. 2. 7  边坡岩体变形非线性预测

线性作为非线性的特例，是一种简单的比例关系，而非线性是对这种简单关系的偏离[296, 297]。

对于非线性系统，由于各因素相互影响，如果一个变量发生极微小的变化，对于其他变量可能出现不成比例的影响，对于整个系统可能发生灾难性的后果，这是非线性问题错综复杂的综合表现[298]。对边坡岩体进行线弹性研究，应力与应变变成简单的正比关系，忽略岩体塑性变形，不计岩体所受的随机载荷，能对边坡岩体变形得出一量化结果。正如大跨度高架桥梁设计忽略风载荷会导致灾害发生一样，忽视边坡岩体的些微小载荷，简单地线性化处理，会得出截然相反的结论。国内外边坡研究表明，边坡岩体是一个高度复杂的非线性动力系统，其演化过程存在着自组织性、非平衡性、非线性、多尺度性、自相似性、有序性、突变性和随机性等复杂特征。随着科学技术的发展和新工艺技术的不断涌现，传统研究手段已不能够满足更趋复杂化的边坡工程岩体系统[299, 300]。

1）边坡岩体变形混沌预测

混沌理论产生于 20 世纪 60 年代，美国气象学家洛仑兹在研究天气变化过程中，得出了天气预报方程。研究发现：天气变化方程是确定性的，极细微初始条件的差异会引起模拟结果的巨大变化[301]。混沌理论可以简要归纳为三点：确定的内在随机性；对初值的敏感依赖性；有序与无序的统一体。

混沌现象无处不在，如上升的烟雾，风中来回摆动的旗帜，水龙头由稳定的滴漏变成凌乱，天气的变化，高速公路上的车群，地下油管的传输流动等[302]。同样，边坡工程岩体的变形与破坏也存在混沌现象。金海元在边坡工程的位移预测中，将混沌理论中的相空间重构、Lyapunov 预测方法和加权局域法引入到边坡工程，建立了边坡位移预测组合模型[303]。姜彤等采用离散元法分析边坡岩体在地震作用下的变形特征，应用重构相空间理论证明边坡演化是混沌序列[304]。吴晓锁等在边坡工程中用观测位移数据，采用重构相空间理论，分析了边坡位移最大 Lyapunov 指数，提出了边坡位移非线性混沌预报模式[305, 306]。刘志平等在分析多变量重构相空间理论的基础上，根据相点演化时间轨道可逆与不可逆特性提出了三维时序数据 MLE 双向搜索修正法，用小湾水电站左岸高边坡变形监测数据预测边坡岩体的变形规律[307]。张安兵利用混沌理论相空间重构技术对边坡岩体变形时序数据进行研究，研究表明边坡变形具有混沌特征，构建了多种混沌预测模型[308]。黄志全等将混沌理论引入边坡岩体变形预测中，对新滩滑坡研究，显示用混沌理论预测边坡岩体变形具有较高的精度[309]。

2）边坡岩体变形的小波理论预测

针对边坡岩体变形的复杂性、不确定性、随机性等特征，有学者采用小波理论预测边坡岩体变形规律[310]。

黄永红等采用基于 BP 算法的小波神经网络模型引入到边坡岩体变形监测预报中，通过工程实例验证，表明小波神经网络预测模型可以取得良好的预测效果，有较强的自适应预测能力[311]。毛亚纯等采用小波理论和灰色模型，提出了基于小波分析的边坡岩体变形灰色预测模型，研究显示，该方法能有效提高边坡岩体的预测精度[312]。李长洪等采用改进的 BP 算法的小波神经网络，建立边坡岩体变形的预测模型，研究表明改进小波神经网络模型具有较好的函数逼近能力和容错性，预测精度较高[313]。马文涛利用小波变换原理，将边坡变形的时间序列分解成低频和高频分量，建立基于小波变换和最小二乘支持向量机的边坡位移预测模型，对丹巴边坡滑坡预测的研究显示，该预测模型具有较高预测精度[314]。秦真珍等采用小波神经网络预测边坡岩体变形，研究结果显示，小波神经网络具有函数逼近能力强、预测精度高等优点[315]。

3）边坡岩体变形与破坏的分形理论预测

曾开华等采用分形理论研究了边坡岩体的演化特征与预测方法[316]，通过实例分析和计算，表明边坡岩体变形与失稳过程具有分形特性，对于加速变形的边坡，其分形维数演化曲线存在峰值点，在峰值点以前，边坡变形处于不断升维过程，边坡稳定，峰值点之后，边坡变形维数呈下降趋势，边坡可能出现滑坡。付义祥等用分形理论研究边坡岩体变形破坏机理，建立了边坡岩体变形演化的动力学方程，得出了边坡变形关联维数，研究表明，分形理论可预测边坡位移和破坏规律[317]。张飞等运用分形理论 GP 算法，计算得出了边坡变形时间序列的分形维数，研究表明，可应用分形理论预测预报边坡稳定性[318]。

## 1.3　研究内容与研究思路

与其他人工边坡相比，矿山露采边坡高度大，角度陡，地质条件复杂且始终处于不断开挖扰动过程，有必要在总结国内外边坡工程研究经验的基础上，针对露天矿开采条件，提出一种适应矿山边坡工程的岩体质量分级方法，建立矿山边坡岩体质量分级的知识库模型；研究适应矿山边坡工程的可靠度计算方法，采用可靠性理论分析矿山边坡岩体稳定性；构建适应于矿山边坡稳定性的评价指标，建立矿山边坡岩体稳定性评价体系，研究矿山边坡稳定性；同时研究矿山边坡岩体变形规律，建立露天开采边坡稳定性安全预警系统。

本书研究内容与研究技术思路如下。

1）露采边坡岩体质量分级神经网络知识库模型建立

根据露天开采边坡规模大、工程地质条件复杂等特征，研究影响边坡工程岩体稳定性的因素，构建露天矿边坡岩体质量分级体系，采用神经网络建立露采边坡岩体质量分级的知识库模型，为露天矿开采设计提供理论依据。

2）露天边坡工程岩体稳定性可靠度分析

基于露采边坡工程始终处于不断爆破振动、降雨冲刷、地下水侵蚀等过程中，边坡所受载荷、岩体力学参数等并不是确定性变量，而是不断变化。因此，将边坡所受载荷、岩体力学参数等作为随机变量，研究适应矿山边坡岩体稳定性的可靠度计算方法，建立矿山边坡岩体可靠度分析模型，采用可靠性理论研究矿山边坡稳定性。

3)露天边坡工程稳定性评价

分析露采边坡稳定性影响因素，构建矿山边坡稳定性评价指标，并针对大量的矿山边坡工程未确知信息特征，采用未确知测度和 Fisher 判别理论，建立矿山边坡稳定性评价模型，研究露采边坡岩体稳定性。

4)露采边坡岩体变形规律与安全预警系统研究

矿山边坡工程不同于铁路、公路、水利等边坡工程，开挖扰动伴随着边坡工程的始终，与外界不断地进行物质和能量交换，其演化过程存在着自组织性、非平衡性、非线性、随机性等复杂特性，采用非线性混沌理论揭示矿山边坡岩体变形与破坏规律，建立露天开采边坡稳定性安全预警系统，为矿山安全生产提供技术保障。

# 第 2 章　矿山边坡岩体质量分级的神经网络知识库研究

## 2.1　概述

岩体工程质量是岩体固有的特性，它是影响工程岩体稳定性的最基本属性，岩体质量由岩石坚硬程度、岩体完整程度、所处工程环境因素决定[319]。岩体工程质量不仅客观地反映了岩体结构固有的物理力学特性，而且为工程稳定性分析，岩体的合理利用以及正确选择各类岩体力学参数等提供了可靠的依据。岩体工程质量分级是评价岩体稳定性的基础，目前国内外对工程岩体稳定性评价颇为流行的做法是对其进行质量分级[320]。

由于工程岩体的复杂性及所处地质环境的特殊性，国内外岩体工程质量和稳定性评价理论与方法有从单因素分级（如 RQD 分类法，弹性波速法，岩石抗压强度分级法等）向多因素分级转化的趋势[321, 322]。国内外工程岩体应用较多的多因素岩体分级方法主要有：巴顿工程岩体质量 Q 系统分类法，岩体的岩土力学分类法（工程岩体 RMR 分类法），我国工程岩体 BQ 分级标准（GB/T 50218—2014）和水利水电工程地下硐室围岩 HC 分类法[323, 324]。Q 分类法强调节理组数、节理面粗糙度及节理蚀变等因素，该法缺陷是它只考虑了岩体自身的完整性而未考虑岩块强度和工程因素。RMR 分类法重视节理条件如节理宽度、节理间距与节理粗糙度，但对节理组数、地应力等未考虑，工程应用显示，RMR 分类法对岩体强度、RQD 以及节理间距的评分是"跳跃性"的，这种不连续的取值标准对工程岩体质量的划分结果造成了一定偏差。BQ 分类法主要以岩石饱和抗压强度和岩体完整性系数为判定岩体质量的主要因素，其分类结果对岩体的强度过于敏感。HC 分类法在中低应力区的围岩分级中适用性较好，但在高地应力区，由于 HC 分类法对地应力的考虑过于简化，会给分级结果带来较大误差。

目前，对于矿山工程尚没有一种比较成熟的岩体质量分级方法，因此有必要针对矿山边坡岩体工程实际，提出一种新的质量分级方法，同时根据已有的矿山边坡工程岩体研究成果，建立矿山边坡工程岩体质量分级的知识库模型。

## 2.2 矿山边坡工程岩体质量分级

### 2.2.1 矿山边坡工程岩体稳定性影响因素

#### 2.2.1.1 岩体力学性质

地层岩体力学性质是影响工程岩体质量的基本因素，不同岩性的岩体其物理力学性质有差异，根据岩性及工程地质条件，矿山边坡工程岩体可划分为：松散软弱岩组，风化及构造蚀变岩组，块状岩组[325]。

1）松散软弱岩组

松散软弱岩组覆盖于基岩之上，岩性为中粗砂、砾砂、粉细砂、砂质黏土，厚度通常为 30~50 m，含有地下水，为第四系堆积物，砂类土松散；力学强度低，工程地质条件差。

2）风化及构造蚀变岩组

矿山边坡基岩风化厚度一般为 10~20 m。岩石裂隙发育，完整性差，抗压强度一般小于 20 MPa，为软弱岩，工程地质条件差。构造蚀变岩岩石裂隙发育，完整性差，因蚀变作用，原岩结构发生改变，抗压强度 14.9~50.8 MPa，为软弱至半坚硬岩，工程地质条件差至较好。

3）块状岩组

块状岩组通常位于风化及构造蚀变岩组下，为块状结构，岩体完整，RQD 值大于 50%，单轴抗压强度大于 30~100 MPa，为坚硬岩地质条件良好的岩层。

#### 2.2.1.2 边坡岩层地质构造

工程实践表明，地下工程岩体稳定性与岩体中的构造特征密切相关，岩体中构造越发育，工程岩体稳定性越差[326]。

#### 2.2.1.3 结构面条件

工程岩体中广泛存在结构面，结构面有一定方向性，厚度较小，通常呈二维面状。大量存在的结构面，将岩体切割成许多不连续块体，使岩体产生不均质性，岩体并表现出各向异性特征。

结构面是岩体结构的重要特征，岩体中的结构面越发育，越不利于工程岩体的稳定性[327]。

　　工程岩体中通常存在多组结构面。岩体被多组结构面切割时，岩体破碎程度高，边坡岩体中可能滑动的块体越多。

　　结构面距离或结构面密度直接影响被切割岩块的尺寸，对岩体的稳定性和破坏形式将产生直接的影响[328]。

　　结构面发育地段，将为地下水的渗流提供条件，地下水的存在对工程岩体稳定性将产生不利影响。

　　谷德振教授将结构面的几何形态归纳为三种形式：

　　（1）平直的：如片理、层理及剪切破裂面等；

　　（2）波浪起伏状：如波痕层理、片理、舒缓波状结构面等；

　　（3）曲折型：如张性、张扭性结构面、具交错层理、龟裂纹层面、次生结构面及沉积间断面等[329]。

　　结构面有张开和闭合两种形式。闭合结构面为刚性接触，其形态、起伏度、粗糙度不同，结构面抗剪强度各异；张开结构面的岩块间不能充分接触，结构面的抗剪强度很小。

　　结构面充填物不同，其力学强度和力学性质差别很大，岩体强度取决于结构面内充填物成分[330]。工程实践表明，含有软质充填物的结构面力学性能较差，含石英或方解石的结构面强度较高。

### 2.2.1.4　地下水作用

　　水对工程岩体稳定性影响非常显著[331]，水的影响主要体现在以下几个方面：

　　（1）静水压力作用：当地下工程岩体发育有张性裂隙时，由于裂隙充水，裂隙面承受静水压力作用从而影响工程岩体稳定性。

　　（2）动水压力作用：地下水在渗流流动过程中，会产生动水压力，动水压力对工程稳定性产生不利影响。

　　（3）化学作用：工程岩体开挖后，岩体暴露在空气中，岩石吸收或失去水分使岩体膨胀或收缩。此外，岩体失去水分后，裂隙张开度会增大，这样，风化作用会向岩体深部扩散，影响岩体稳定性。

### 2.2.1.5　地应力作用

　　地应力是赋存于岩体中的天然力，又称初始应力或原应力。地应力大小对岩体质量分级结果有很大的影响，因此查明岩体地应力分布特征是进行岩体质量分级的必要条件。越来越多的证据表明，在岩体高应力区内，岩体开挖可引起一系列与应力释放相联系的变形与破坏现象，其后果不但会恶化岩体工程地质条件，极高地应力区还有可能出现岩爆现象[332]。

此外，设计的露天边坡角亦影响边坡的稳定性，随着坡高的增加、最终边坡角的增大，边坡安全系数通常会不断减小。

### 2.2.2　矿山边坡工程岩体稳定性评价指标的确定

通过调研国内外岩体质量评价方法[71~74]，对其进行综合系统的对比分析，结合矿山露天边坡工程实际，选取 RMR 分类法作为露天边坡岩体质量评价的基础，并对其修正改进，考虑地应力、爆破等对边坡岩体稳定性的影响，建立 M-RMR（modification-rock mass rating）边坡工程岩体质量分类体系。

根据边坡工程岩体质量影响因素，M-RMR 评价体系包含 7 个评价指标：$R_1$ 为岩石抗压强度，$R_2$ 为岩石质量指标 RQD，$R_3$ 为节理间距，$R_4$ 为节理状态，$R_5$ 为地下水状态，$R_6$ 为节理方向对工程影响的修正参数，$R_7$ 为地应力修正参数（岩体损伤系数 $Z$）。

### 2.2.3　边坡工程 M-RMR 分类法各指标修正

1）单轴岩石抗压强度 $R_1$ 项的修正

RMR 分类法的 $R_1$ 项是根据抗压强度对岩体进行评分，把岩体抗压强度（MPa）分为<1、1~5、5~25、25~50、50~100、100~250、>250 七个区间，对每个区间给予不同的评分值。这种"跳跃式"评分方法虽然简单，但会造成分值的"突变"。因此，对其进行细化修正，将岩石抗压强度等级<1、1、15、25、37.5、50、75、100、175、>250 分别赋评分值 0.0、1.0、2.5、4.0、5.5、7.0、9.5、12.0、13.5、15，采用多项式拟合回归方法，得到评价指标与其评分值之间的连续性方程：

$$R_1 = -0.00029\sigma_{ucs} + 0.14571\sigma_{ucs} + 0.91232 \tag{2-1}$$

2）RQD 的评分 $R_2$ 项的修正

RMR 分类法对于 RQD 同样采取的是"跳跃式"的评分方式，即把 RQD 分为 5 个区间，对每个区间给予不同的权值，再对其进行修正，采用连续的评分方式将 RQD 指标（100%、95%、90%、82.5%、75%、62.5%、50%、37.5%、25%、0）和对应的评分 $R_2$（20、18.5、17、15、13、10.5、8、5.5、3、1.5）联系起来，采用多项式拟合，得到 RQD 评价指标与其评分值 $R_2$ 之间的连续性方程：

$$R_2 = 0.0016I_{RQD}^2 + 0.0622I_{RQD} + 1.03 \tag{2-2}$$

3）节理间距评分值 $R_3$ 的修正

把节理间距分为<6、6~20、20~60、60~200、>200 五段，采用连续的评分方式将节理间距指标 $J$（>2 m、1.3 m、0.6 m、0.4 m、0.2 m、0.13 m、0.06 m、0.045 m、0.03 m、<0.03 m）和评分值 $R_3$（20、17.5、15、12.5、10、9、8、6、4、3）联系起来，采用自动拟合回归曲线，得到 $R_3$ 项与其评分值之间的连续评分方程：

$$R_3 = 3.4522\ln J + 15.5637 \tag{2-3}$$

4)地应力值评分 $R_7$ 的修正

工程实践表明，地应力对边坡岩体稳定性有影响[333]。基于边坡面的高地应力在开挖过程中应力释放，岩体在卸荷过程中会产生破坏，因此地应力对边坡稳定性的影响不能忽视。按地应力状态可分为极高地应力、高地应力和低地应力三种。根据岩石单轴抗压强度 $R_c$ 和最大主应力 $\sigma_{max}$ 界定，极高地应力：$R_c/\sigma_{max} < 4$，高地应力：$R_c/\sigma_{max} < 4 \sim 7$，低地应力：$R_c/\sigma_{max} > 7$。将极高地应力、高地应力和低地应力状态分别赋评分值：-15，-10 和 0。采用连续的评分方式将地应力系数 $Z(Z = R_c/\sigma_{max}, 1 \sim 2 、 2 \sim 3 、 3 \sim 4 、 4 \sim 5 、 5 \sim 6 、 6 \sim 7 、 > 7)$ 与评分值 $R_7$（-15、-12、-9、-7、-5、-3、0）联系起来进行修正，采用自动回归拟合，得到 $R_7$ 项与其评分值之间的连续评分方程：

$$R_7 = 3Z - 18 \tag{2-4}$$

5)岩体质量分级确定

岩体质量评分值为 0~100 分，评分值 [100, 80) 属于 I 级质量岩体，评分值 [80, 60) 为 II 级岩体，评分值 [60, 40) 为 III 级岩体，评分值 [40, 20) 为 IV 级岩体，评分值 [20, 0] 为 V 级岩体。

## 2.2.4 矿山边坡工程岩体质量分级

### 2.2.4.1 广东大宝山矿岩体质量分析

大宝山露天铁矿由 6 个矿体及坡积矿组成，其中 I 号矿体出露于大宝山脊及东部山坡，呈不规则狭长状，沿北北西-南南东延伸，南至 16 线，北至 62 线，全长 2280 m，产状基本与地层一致，局部呈不规则透镜状。大宝山露天铁矿开采台阶高度为 15 m，坡面角 75°，清扫运输平台宽度 10.5 m，安全平台宽度 4~8 m，最小工作平台宽度 40 m，最终境界边坡角不同的岩石分别为 35°，40°，43°。露天开采水平从 +1015 m 开始，至最终闭坑标高 +673 m，沿垂高依次划分为 +1015 m，+1000 m，…，+673 m 水平，共计 29 个平台。

对各勘探线进行工程地质调查（节理裂隙调查如图 2-1 所示），+1000 m，+900 m，+800 m 水平各勘探线 M-RMR 评分结果如表 2-1~表 2-3 所示。

节理裂隙统计结果表明，每个中段节理裂隙分布比较离散，优势走向集中在 30°~50°、280°~330°；优势倾向大多在 100°~130°、200°~230°、300°~330°，倾角主要范围在 40°至 90°之间。总体节理裂隙优势倾向都是 3~4 组，节理密度约为 3 条/m，但从总的趋势上看，+1000 m 水平平均每隔 35.63 cm 一个节理，+700 m 水平平均每隔 31.95 cm 一个节理，依次减小，即随着深度的增加，节理的分布密度呈增大的趋势，表明岩体越不稳定。

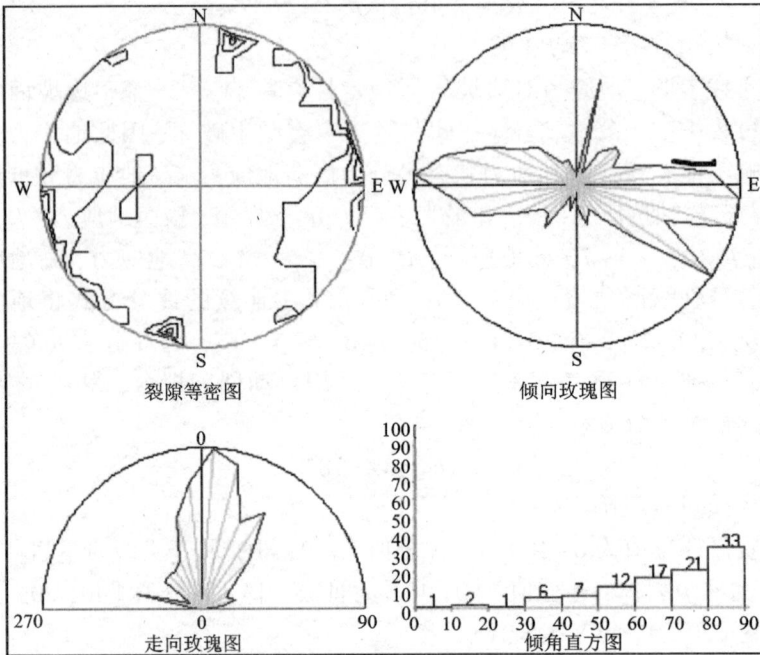

(a) +1000 m水平

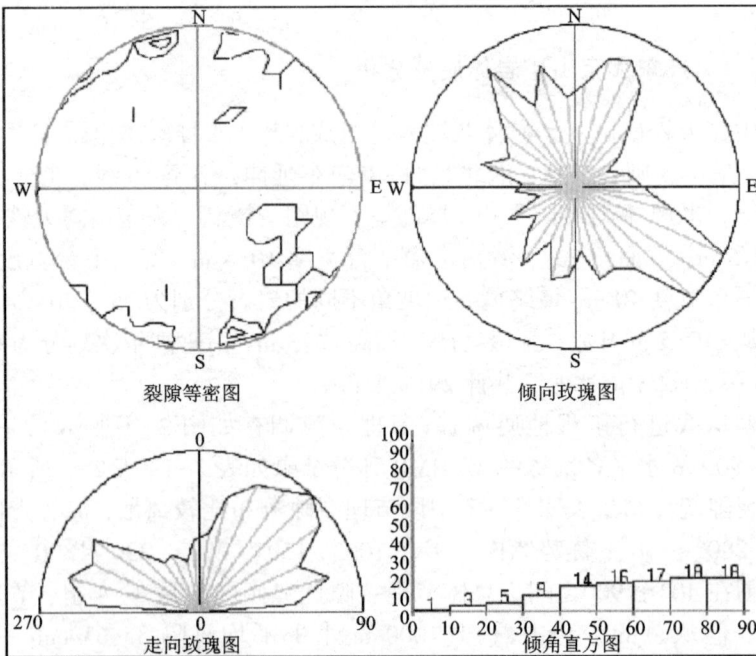

(b) +900 m水平

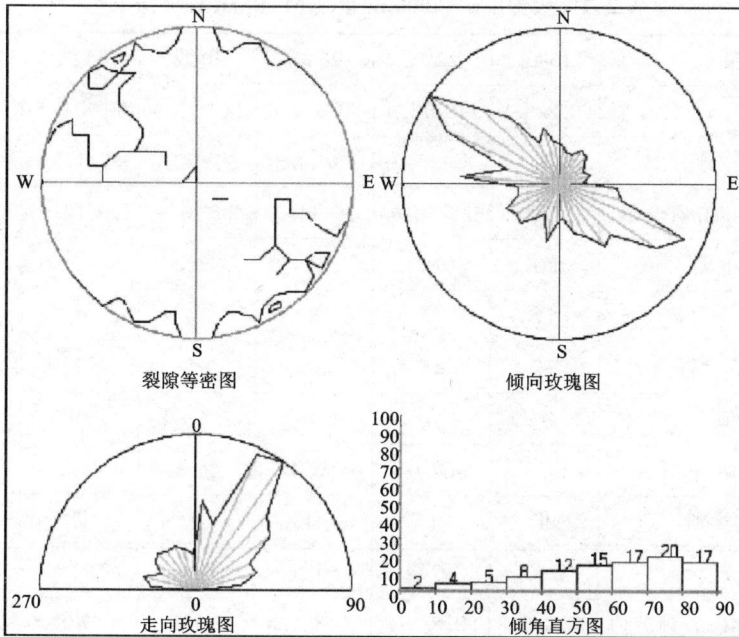

裂隙等密图 　　　　　　　　　　　　 倾向玫瑰图

走向玫瑰图 　　　　　　　　　　　　 倾角直方图

(c) +800 m水平

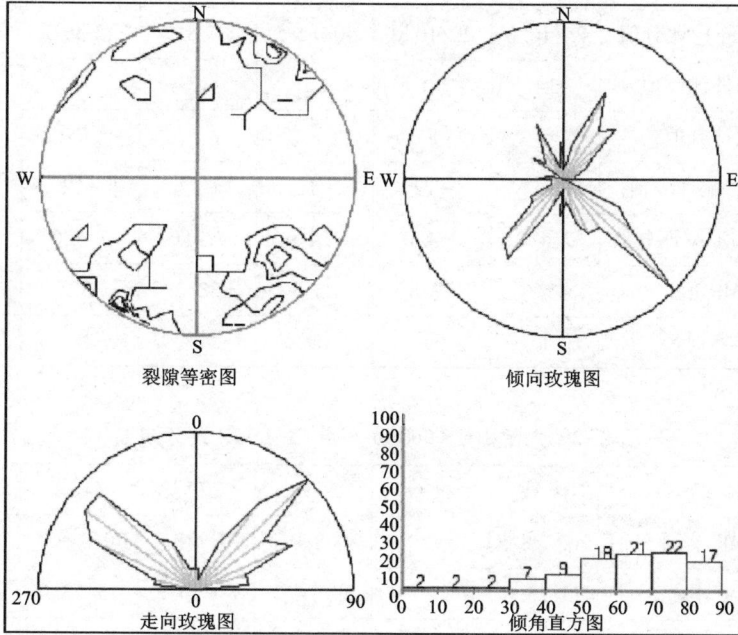

裂隙等密图 　　　　　　　　　　　　 倾向玫瑰图

走向玫瑰图 　　　　　　　　　　　　 倾角直方图

(d) +700 m水平

**图 2-1　各水平节理的倾向玫瑰图**

表 2-1　大宝山矿+1000 m 水平 M-RMR 评分结果

| 勘 探 线 | 16 线 | 22 线 | 26 线 | 30 线 | 34 线 | 38 线 |
|---|---|---|---|---|---|---|
| 岩石强度(MPa)/评分值 | 80.8/9.8 | 110/13.4 | 80.8/9.8 | 110/13.4 | 80.8/9.8 | 110/13.4 |
| RQD(%)/评分值 | 85/15.8 | 85/15.8 | 80/14.3 | 80/14.3 | 80/14.3 | 80/14.3 |
| 节理间距(cm)/评分值 | 23/10.5 | 25/10.8 | 30/11.3 | 25/10.8 | 20/10.0 | 25/10.8 |
| 结构面条件评分值 | 20 | 16 | 18 | 22 | 15 | 17 |
| 地下水评分值 | 11 | 13 | 8 | 14 | 4 | 7 |
| 节理走向影响评分值 | −5 | −5 | −5 | −5 | −12 | −12 |
| 地应力修正值 $Z$/评分值 | 7.4/−1 | 7.4/0 | 7.4/0 | 7.4/−1 | 7.4/0 | 7.4/0 |
| M-RMR 值 | 61.1 | 64.2 | 56.4 | 68.5 | 41.1 | 50.5 |
| 岩体类别 | II | II | III | II | III | III |
| 勘 探 线 | 42 线 | 46 线 | 50 线 | 54 线 | 58 线 | 62 线 |
| 岩石强度(MPa)/评分值 | 80.8/9.8 | 80.8/9.8 | 80.8/9.8 | 70.2/8.5 | 70.2/8.5 | 80.8/9.8 |
| RQD(%)/评分值 | 75/13.0 | 75/13.0 | 75/13.0 | 75/13.0 | 75/13.0 | 82/15.0 |
| 节理间距(cm)/评分值 | 25/10.8 | 20/10.0 | 40/12.5 | 10/8.7 | 13/9.0 | 33/11.5 |
| 结构面条件评分值 | 14 | 14 | 22 | 13 | 13 | 15 |
| 地下水评分值 | 5 | 8 | 8 | 7 | 7 | 4 |
| 节理走向影响评分值 | −5 | −12 | −12 | −12 | −12 | −5 |
| 地应力修正值 $Z$/评分值 | 7.4/0 | 7.4/0 | 7.4/0 | 7.4/0 | 7.4/0 | 7.4/0 |
| M-RMR 值 | 47.6 | 42.8 | 53.3 | 38.2 | 38.5 | 50.3 |
| 岩体类别 | III | III | III | IV | IV | III |

表 2-2　大宝山矿+900 m 水平 M-RMR 评分结果

| 勘 探 线 | 16 线 | 22 线 | 26 线 | 30 线 | 34 线 | 38 线 |
|---|---|---|---|---|---|---|
| 岩石强度(MPa)/评分值 | 70.2/8.5 | 80.8/9.8 | 80.8/9.8 | 70.2/8.5 | 70.2/8.5 | 110/13.4 |
| RQD(%)/评分值 | 75/13.0 | 75/13.0 | 80/14.3 | 80/14.3 | 75/13.0 | 75/13.0 |
| 节理间距(cm)/评分值 | 13/9.0 | 30/11.3 | 20/10 | 25/10.8 | 20/10 | 33/11.5 |
| 结构面条件评分值 | 15 | 18 | 20 | 12 | 14 | 18 |

续表2-2

| 勘 探 线 | 16线 | 22线 | 26线 | 30线 | 34线 | 38线 |
|---|---|---|---|---|---|---|
| 地下水评分值 | 6 | 10 | 13 | 7 | 6 | 13 |
| 节理走向影响评分值 | -12 | -12 | -12 | -12 | -12 | -12 |
| 地应力修正值 Z/评分值 | 6.2/-2 | 6.2/-2 | 6.2/-2 | 6.2/-2 | 6.2/-2 | 6.2/-2 |
| M-RMR 值 | 37.5 | 48.1 | 53.1 | 38.6 | 37.5 | 54.9 |
| 岩体类别 | IV | III | III | IV | IV | III |

表 2-3　大宝山矿+800 m 水平 M-RMR 评分结果

| 勘 探 线 | 16线 | 22线 | 26线 | 30线 | 34线 | 38线 |
|---|---|---|---|---|---|---|
| 岩石强度(MPa)/评分值 | 80.8/9.8 | 110/13.4 | 80.8/9.8 | 110/13.4 | 80.8/9.8 | 80.8/9.8 |
| RQD(%)/评分值 | 80/14.3 | 80/14.3 | 80/14.3 | 80/14.3 | 82/15.0 | 82/15.0 |
| 节理间距(cm)/评分值 | 33/11.5 | 25/10.8 | 25/10.8 | 25/10.8 | 28/11 | 28/11 |
| 结构面条件评分值 | 16 | 18 | 16 | 17 | 17 | 18 |
| 地下水评分值 | 5 | 11 | 11 | 11 | 7 | 7 |
| 节理走向影响评分值 | -5 | -5 | -5 | -5 | -12 | -12 |
| 地应力修正值 Z/评分值 | 7.4/0 | 7.4/0 | 7.4/-1 | 7.4/-1 | 7.4/0 | 7.4/0 |
| M-RMR 值 | 51.6 | 62.5 | 55.9 | 60.5 | 47.8 | 48.8 |
| 岩体类别 | III | II | III | II | III | III |
| 勘 探 线 | 42线 | 46线 | 50线 | 54线 | 58线 | 62线 |
| 岩石强度(MPa)/评分值 | 80.8/9.8 | 110/13.4 | 110/13.4 | 80.8/9.8 | 70.2/8.5 | 80.8/9.8 |
| RQD(%)/评分值 | 82/15.0 | 82/15.0 | 80/14.3 | 80/14.3 | 80/14.3 | 80/14.3 |
| 节理间距(cm)/评分值 | 29/11.0 | 33/11.5 | 30/11.3 | 25/10.8 | 33/11.5 | 29/11.0 |
| 结构面条件评分值 | 21 | 16 | 17 | 16 | 16 | 17 |
| 地下水评分值 | 11 | 12 | 13 | 14 | 12 | 8 |
| 节理走向影响评分值 | -5 | -5 | -5 | -5 | -5 | -12 |
| 地应力修正值 Z/评分值 | 6.2/-2 | 6.2/-2 | 6.2/-2 | 6.2/-2 | 6.2/-2 | 6.2/-2 |
| M-RMR 值 | 60.8 | 60.9 | 62 | 57.9 | 55.3 | 46.1 |
| 岩体类别 | II | II | II | III | III | III |

### 2.2.4.2　栾川钼矿露天采区岩体质量分析

洛钼集团三道庄露天矿海拔标高+1200 m 以上，露天开采台阶高度为 12 m，并段台阶高度 24 m，台阶坡面角 70°，清扫运输平台宽度 11.0 m，运输台阶宽度 12 m。目前露天开采水平从+1414 m 开始，沿垂高依次划分为+1402 m，+1390 m，…，+1330 m 水平。对各勘探线进行工程地质调查（节理裂隙调查如图 2-2 所示），+1414 m、+1330 m 水平各勘探线 M-RMR 评分结果如表 2-4 和表 2-5 所示。

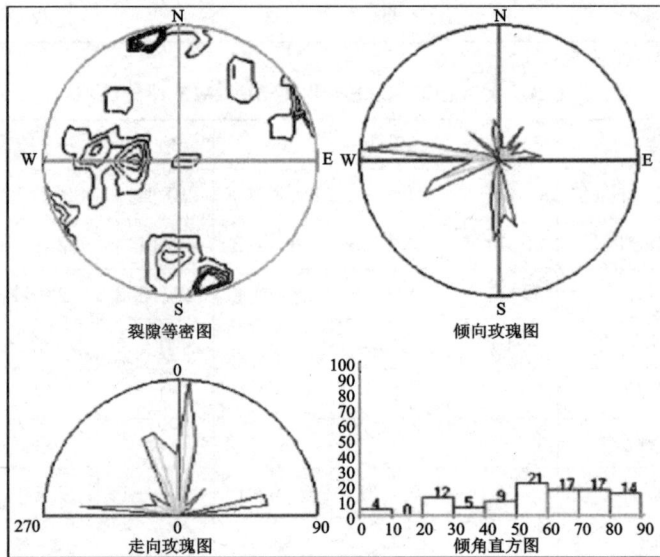

(a) +1414 m水平

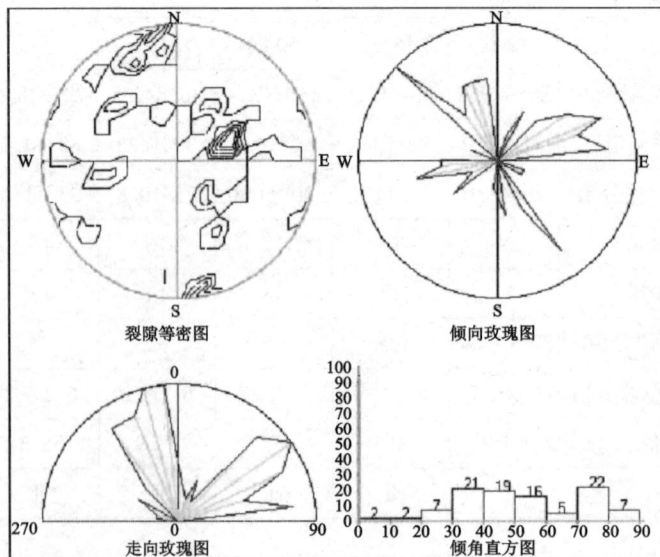

(b) +1378 m水平

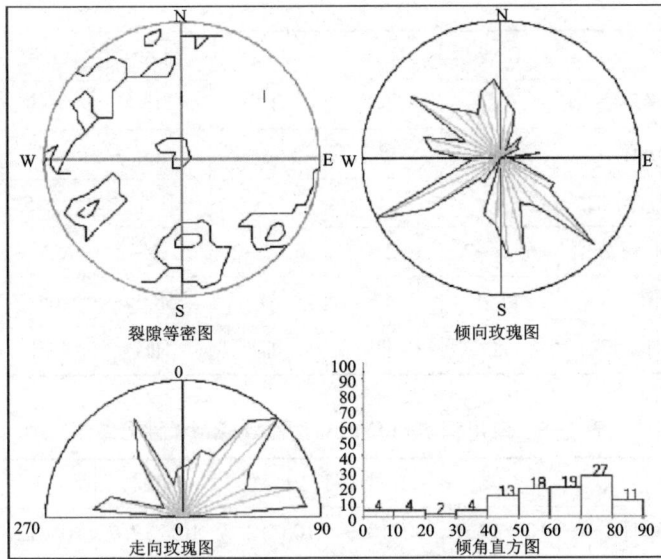

(c) +1330 m水平

图 2-2　各水平节理裂隙调查结果

表 2-4　栾川钼矿+1414 m 水平 M-RMR 评分结果

| 勘探线 | A 线 | B 线 | C 线 | D 线 | E 线 | F 线 |
|---|---|---|---|---|---|---|
| 岩石强度(MPa)/评分值 | 105/12.7 | 130/15.8 | 130/15.8 | 105/12.7 | 105/12.7 | 90/10.9 |
| RQD(%)/评分值 | 80/14.3 | 80/14.3 | 80/14.3 | 82/15 | 82/15 | 75/13 |
| 节理间距(cm)/评分值 | 25/10.8 | 30/11.3 | 20/10 | 20/10 | 33/11.5 | 20/10 |
| 结构面条件评分值 | 16 | 15 | 24 | 17 | 17 | 15 |
| 地下水评分值 | 11 | 13 | 13 | 12 | 13 | 4 |
| 节理走向影响评分值 | −5 | −5 | −5 | −12 | −12 | −12 |
| 地应力修正值 $Z$/评分值 | 4.7/−3 | 4.7/−3 | 6.2/−2 | 6.2/−2 | 6.2/−2 | 6.2/−2 |
| M-RMR 值 | 56.8 | 61.4 | 70.1 | 52.7 | 55.2 | 38.9 |
| 岩体类别 | III | II | II | III | III | IV |
| 勘探线 | G 线 | H 线 | I 线 | J 线 | K 线 | L 线 |
| 岩石强度(MPa)/评分值 | 105/12.7 | 105/12.7 | 105/12.7 | 105/12.7 | 130/15.8 | 105/12.7 |
| RQD(%)/评分值 | 80/14.3 | 80/14.3 | 80/14.3 | 80/14.3 | 75/13 | 75/13 |
| 节理间距(cm)/评分值 | 25/10.8 | 37.5/12 | 37.5/12 | 25/10.8 | 40/12.5 | 25/10.8 |

续表 2-4

| 勘探线 | G 线 | H 线 | I 线 | J 线 | K 线 | L 线 |
|---|---|---|---|---|---|---|
| 结构面条件评分值 | 18 | 14 | 17 | 16 | 19 | 18 |
| 地下水评分值 | 4 | 8 | 8 | 12 | 13 | 4 |
| 节理走向影响评分值 | -12 | -12 | -5 | -5 | -5 | -12 |
| 地应力修正值 $Z$/评分值 | 6.2/-2 | 6.2/-2 | 6.2/-2 | 6.2/-2 | 6.2/-2 | 6.2/-2 |
| M-RMR 值 | 45.8 | 47 | 57 | 58.8 | 66.3 | 44.5 |
| 岩体类别 | Ⅲ | Ⅲ | Ⅲ | Ⅲ | Ⅱ | Ⅲ |

表 2-5　栾川钼矿+1330 m 水平 M-RMR 评分结果

| 勘探线 | A 线 | B 线 | C 线 | D 线 | E 线 | F 线 |
|---|---|---|---|---|---|---|
| 岩石强度(MPa)/评分值 | 105/12.7 | 90/10.9 | 105/12.7 | 105/12.7 | 105/12.7 | 90/10.9 |
| RQD(%)/评分值 | 75/13 | 75/13 | 75/13 | 80/14.3 | 80/14.3 | 80/14.3 |
| 节理间距(cm)/评分值 | 22/10.3 | 25/10.8 | 30/11.3 | 20/10 | 25/10.8 | 28/11 |
| 结构面条件评分值 | 14 | 19 | 19 | 18 | 16 | 9 |
| 地下水评分值 | 7 | 4 | 13 | 13 | 11 | 3 |
| 节理走向影响评分值 | -5 | -8 | -5 | -5 | -5 | -9 |
| 地应力修正值 $Z$/评分值 | 4.7/-5.5 | 4.7/-5.5 | 4.7/-5.5 | 4.7/-5.5 | 4.7/-5.5 | 4.7/-5.5 |
| M-RMR 值 | 46.5 | 34.2 | 58.5 | 57.5 | 54.3 | 33.7 |
| 岩体类别 | Ⅲ | Ⅳ | Ⅲ | Ⅲ | Ⅲ | Ⅳ |
| 勘探线 | G 线 | H 线 | I 线 | J 线 | K 线 | L 线 |
| 岩石强度(MPa)/评分值 | 90/10.9 | 105/12.7 | 105/12.7 | 90/10.9 | 90/10.9 | 105/12.7 |
| RQD(%)/评分值 | 75/13.0 | 85/15.8 | 85/15.8 | 75/13.0 | 75/13.0 | 85/15.8 |
| 节理间距(cm)/评分值 | 20/10 | 25/10.8 | 25/10.8 | 20/10.0 | 13/9.0 | 25/10.8 |
| 结构面条件评分值 | 9 | 18 | 18 | 13 | 13 | 18 |
| 地下水评分值 | 5 | 9 | 11 | 6 | 8 | 9 |
| 节理走向影响评分值 | -5 | -5 | -5 | -12 | -12 | -12 |
| 地应力修正值 $Z$/评分值 | 4.7/-5.5 | 4.7/-5.5 | 4.7/-5.5 | 4.7/-5.5 | 4.7/-5.5 | 4.7/-5.5 |
| M-RMR 值 | 39.4 | 55.8 | 57.8 | 35.4 | 36.4 | 48.8 |
| 岩体类别 | Ⅳ | Ⅲ | Ⅲ | Ⅳ | Ⅳ | Ⅲ |

节理裂隙调查结果显示，+1414 m 水平结构面产状较离散，优势方位按走向大体可分 4 组 33°、74°、273°、283°；按倾向有 4 组 23°∠68°、164°∠60°、284°∠64°、303°∠62°。+1330 m 水平结构面按走向大体可分 3 组 10°~30°、70°~90°、344°；按倾向有 4 组 104°∠64°、162°∠57°、180°~200°∠61°、293°∠63°。

### 2.2.4.3　德兴铜矿露天采区岩体质量分析

德兴铜矿铜厂矿区是江西铜业集团公司最大的铜矿区，也是目前我国有色矿山中最大的露天矿。采区设计境界上口尺寸为 2300 m×2400 m。随着三期工程建设和挖潜改造工作的推进，矿山开采规模已达 10 万吨/日，年采剥总量 6400 多万吨。铜厂矿区杨桃坞、水龙山、石金岩、黄牛前和西源岭开采阶段边坡已形成，且边坡暴露高度最高达 400 多米。为研究德兴铜矿边坡稳定性，对其西源岭边坡、杨桃岭边坡和石金岩边坡进行了工程地质调查（节理裂隙调查如图 2-3 所示），西源岭边坡、杨桃岭边坡和石金岩边坡各勘探线 M-RMR 评分结果如表 2-6~表 2-8 所示。

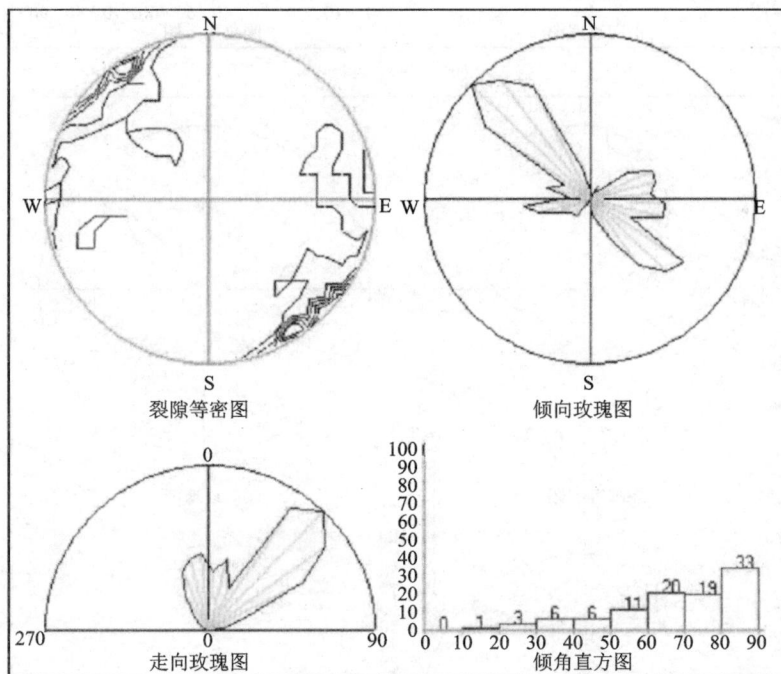

裂隙等密图　　　　　倾向玫瑰图

走向玫瑰图　　　　　倾角直方图

(a) 西源岭边坡

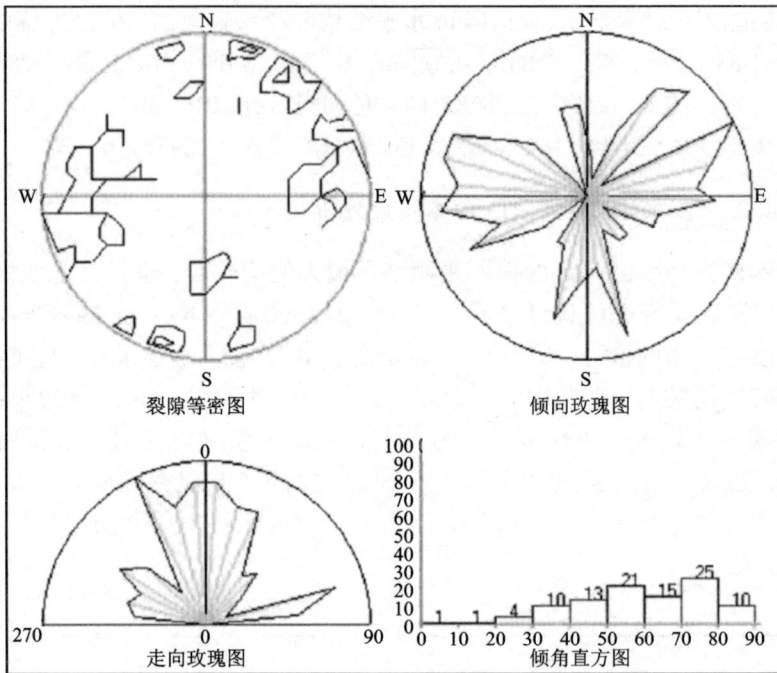

(b) 杨桃岭边坡

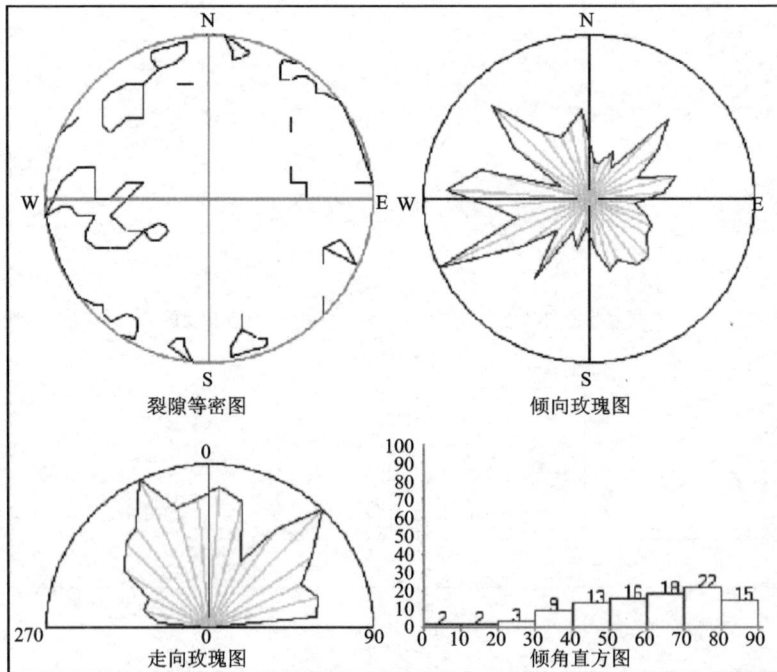

(c) 石金岩边坡

图 2-3　边坡岩体节理裂隙调查结果

表 2-6　西源岭边坡 M-RMR 评分结果

| 勘 探 线 | 3 线 | 5 线 | 7 线 | 9 线 | 11 线 | 13 线 | 15 线 | 17 线 |
|---|---|---|---|---|---|---|---|---|
| 岩石强度评分值 | 7.0 | 7.0 | 7.0 | 7.0 | 6.0 | 6.0 | 8.1 | 8.1 |
| RQD 评分值 | 11.5 | 10.5 | 10.5 | 10.5 | 11.5 | 11.5 | 12.0 | 12.0 |
| 节理间距评分值 | 13.3 | 12.2 | 14.3 | 12.0 | 14.5 | 14.4 | 13.0 | 15.0 |
| 结构面条件评分值 | 18 | 12 | 18 | 12 | 19 | 16 | 14 | 20 |
| 地下水评分值 | 11 | 3 | 13 | 5 | 10 | 13 | 9 | 6 |
| 节理走向影响评分值 | 0 | -2 | -5 | -10 | -5 | -12 | -10 | 0 |
| 地应力修正评分值 | -5.2 | -6.5 | -7.0 | -7.0 | -7.8 | -7.8 | -8.5 | -9.0 |
| M-RMR 值 | 55.6 | 36.2 | 50.8 | 29.5 | 48.2 | 41.1 | 55.6 | 36.2 |
| 岩体类别 | Ⅲ | Ⅳ | Ⅲ | Ⅳ | Ⅲ | Ⅲ | Ⅲ | Ⅳ |

表 2-7　杨桃岭边坡 M-RMR 评分结果

| 勘 探 线 | 57 线 | 59 线 | 61 线 | 69 线 | 71 线 | 73 线 | 75 线 | 77 线 |
|---|---|---|---|---|---|---|---|---|
| 岩石强度评分值 | 9.8 | 7.0 | 7.0 | 7.0 | 6.0 | 6.0 | 9.8 | 9.8 |
| RQD 评分值 | 15.0 | 13.5 | 12.5 | 12.5 | 12.5 | 12.5 | 12.5 | 14.5 |
| 节理间距评分值 | 14.0 | 15.8 | 13.8 | 13.3 | 13.5 | 14.4 | 14.4 | 16.2 |
| 结构面条件评分值 | 16 | 18 | 18 | 17 | 17 | 14 | 22 | 25 |
| 地下水评分值 | 15 | 9 | 6 | 9 | 6 | 3 | 15 | 9 |
| 节理走向影响评分值 | -2 | -2 | -2 | -2 | -2 | -5 | -2 | -2 |
| 地应力修正评分值 | -1.0 | -3.0 | -4.5 | -5.2 | -7.8 | -8.5 | -5.2 | -6.5 |
| M-RMR 值 | 66.8 | 58.3 | 50.8 | 51.6 | 45.2 | 36.4 | 66.8 | 58.3 |
| 岩体类别 | Ⅱ | Ⅲ | Ⅲ | Ⅲ | Ⅲ | Ⅳ | Ⅱ | Ⅱ |

表 2-8　石金岩边坡 M-RMR 评分结果

| 勘 探 线 | 23 线 | 25 线 | 27 线 | 29 线 | 31 线 | 33 线 | 35 线 | 37 线 |
|---|---|---|---|---|---|---|---|---|
| 岩石强度评分值 | 7.0 | 9.8 | 6.0 | 9.8 | 7.0 | 6.0 | 9.8 | 10.9 |
| RQD 评分值 | 15.0 | 15.0 | 15.0 | 14.3 | 14.3 | 14.3 | 15 | 14.3 |
| 节理间距评分值 | 12.5 | 11.5 | 10.8 | 11.3 | 10.8 | 11.5 | 12.5 | 12.5 |
| 结构面条件评分值 | 19 | 18 | 17 | 17 | 17 | 12 | 19 | 19 |

续表2-8

| 勘 探 线 | 23 线 | 25 线 | 27 线 | 29 线 | 31 线 | 33 线 | 35 线 | 37 线 |
|---|---|---|---|---|---|---|---|---|
| 地下水评分值 | 2 | 5 | 9 | 7 | 10 | 10 | 2 | 10 |
| 节理走向影响评分值 | -5 | -5 | -5 | -5 | -5 | -12 | -5 | -2 |
| 地应力修正评分值 | -6.5 | -6.5 | -5.2 | -7.8 | -8.5 | -5.2 | -6.5 | -3 |
| M-RMR 值 | 44.0 | 47.8 | 47.6 | 46.6 | 45.6 | 36.6 | 44.0 | 61.7 |
| 岩体类别 | Ⅲ | Ⅲ | Ⅲ | Ⅲ | Ⅲ | Ⅳ | Ⅲ | Ⅱ |

# 2.3 边坡工程岩体智能分级的神经网络知识库研究

人工神经网络的研究出发点是以生物神经元为基础,是对人脑若干基本特性的模拟。神经网络可实现从输入空间到输出空间的映射,形成非线性映射函数,映射函数体现出学习样本之间的内在规律及所包含的知识结构[334, 335]。正是这种输入、输出间的非线性映射关系,才使得用人工神经网络方法建立复杂而庞大的知识库成为可能。

岩体质量分级与岩石强度、RQD 值、节理间距、结构面条件、地下水、节理走向影响、地应力等因素相关,因此可用神经网络建立岩体质量分级与其影响因素的知识库模型,揭示岩体质量与其影响因素的内在规律,实现岩体智能分级。

## 2.3.1 人工神经网络原理

### 2.3.1.1 神经网络特征与类型[336~340]

根据国内外对神经网络研究的成果,神经网络有如下固有特征。

1)并行处理

人脑对某一复杂过程的处理和反应很快,一般只需几百毫秒,因此它是一个由众多神经元所组成的超高密度的并行处理系统。

2)可塑性和自组织性

神经系统表现出自组织特性,神经系统的可塑性反映出大脑可通过后天训练而得到加强。

3)兼顾信息处理和信息存储

人脑能兼顾信息处理和信息存储,将信息处理系统与信息存储系统有机结合,而不像计算机,信息处理与存储那样是相互独立的。

人工神经网络有如下几种模型[341, 342]。

1) BP 神经网络

1985 年，Rumelhart 等提出了 EBP 算法，简称 BP 算法。在此以前，对于多层神经元网络系统，隐含单元层中连接权一直未能解决，BP 算法解决了连接权的学习问题。

2) Hofield 模型

1985 年，Hofield 建立了一种相互连接型的反馈型神经网络（简称 HNN），其特征是计算能力很强，可用于联想记忆，以解决了联想记忆或约束优化问题。

3) 随机型神经网络模型

在求解全局最优解时，随机型神经网络模型提供了有效算法。Boltzmann 模型用模拟退火计算方法，能使神经网络学习迅速摆脱能量局部极小；Gaussian 机模型采用退火和锐化技术，能有效求解优化问题。

4) 自组织神经网络模型

自组织神经网络模型的学习机制，实现了无教师学习机制。自组织神经网络可以对未知环境进行学习，并自行调节网络结构，不必提供教师信号，如自适应共振模型、CPN 模型和自组织映射模型。

5) 联想记忆神经网络模型

联想记忆神经网络模型将输入矢量采用非线性（或线性）映射，得出输入矢量与输出矢量之间的关系，如时间联想记忆模型、线性联想记忆模型和双向联想记忆模型。

边坡岩体质量分级有诸多影响因素，根据当前神经网络研究成果，采用 BP 神经网络建立岩体质量分级与其影响因素的知识库模型。

### 2.3.1.2　神经元模型

由输入和输出组成的神经网络模型如图 2-4 所示。

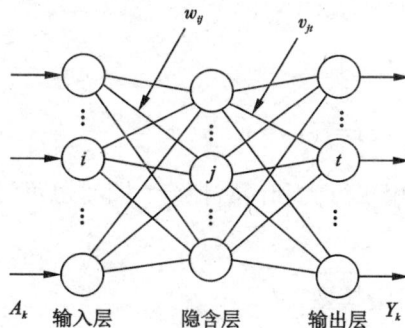

图 2-4　三层前馈神经网络模型

神经元的输入与输出关系可用如下关系式来表示[343, 344]:

$$
\begin{cases}
I_i = \sum_{j=1}^{n} w_{ji} X_j - \theta_i \\
Y_i = f(I_i)
\end{cases}
\tag{2-5}
$$

式中: $X_j$ 为输入量; $w_{ji}, v_{it}$ 为权值; $\theta_i$ 为阈值; $f$ 为神经网络传递函数; $Y_i$ 是神经网络输出。

### 2.3.1.3 激活函数

激活传递函数是神经的核心, 其作用是对输入和输出进行函数传递, 将输入函数值通过激活函数作用, 得到输出函数值, 激活函数有如下几种类型[345]。

1) 阈值型激活函数

阈值型激活函数为

$$
y = f(u) = \begin{cases} 1, & u \geq 0 \\ 0, & u < 0 \end{cases}
\tag{2-6}
$$

阈值型激活函数常用于对系统进行分类。

2) 分段型激活函数

分段型激活函数为

$$
y = f(u) = \begin{cases} 1, & u \geq 1 \\ \dfrac{1}{2}(1+u), & -1 < u < 1 \\ 0, & u \leq -1 \end{cases}
\tag{2-7}
$$

当 $u$ 值大于或等于 1 时, 其放大系数为 1; 当 $u$ 值位于 $(-1, 1)$ 时, 分段型激活函数是一个线性组合器; 当 $u$ 值小于 $-1$ 时, 激活函数成为阈值单元。

3) Sigmoid 激活函数

Sigmoid 激活函数通常用指数或正切等曲线来表示:

$$
y = f(u) = \frac{1}{1 + e^{-\lambda u}}
\tag{2-8}
$$

或

$$
y = f(u) = \tan h(u) = \frac{1 - e^{-\lambda u}}{1 + e^{-\lambda u}}
\tag{2-9}
$$

Sigmoid 激活函数常用于分类和函数拟合, 同时也可对研究问题进行优化, 是常用的激活函数。

### 2.3.1.4 BP 神经网络模型

BP 神经网络模型为一种多层前向网络, BP 算法成为目前应用最为广泛的神经网络学习算法[346]。

典型的 BP 神经网络模型为三层具有反馈功能的前向网络[347]，包含输入层、中间层和输出层三部分。

神经网络计算过程中，由输入层首先向前传播至中间层，最后传播至输出层，一层一层向前传播，每经过一层必须经激活函数进行计算，因此要求激活函数可微。

正向传播和反向传播是 BP 神经网络的学习过程。从输入层向中间层传递，并采用激活函数进行相应计算，最终至输出层，这一过程称前向或正向传播；将输出值与期望输出值进行对比，如果它们之间的误差不满足条件，反向从输出层至输入层，修改权值和存储，直至满足误差条件，这一过程为反向传播。

### 2.3.1.5　BP 神经网络模型训练步骤

BP 神经网络训练可概括为[348,349]以下几个步骤。

①正向传播：对输入层神经元进行分析，计算权值和存储，并采用激活函数进行计算，传播至隐含层，最终传播至输出层。设有 $N$ 个学习样本：$(x_k, y_k)$ $(k=1, 2, \cdots, N)$，输出为 $y$。对于某一学习样本 $x_k$，神经网络输出为 $y_k$，任意节点 $i$ 的输出为 $O_{ik}$，节点 $j$ 输入可表示为

$$net_{jk}^l = \sum_j W_{ij}^l O_{jk}^{L-1} \tag{2-10}$$

$O_{jk}^{l-1}$ 为 $(l-1)$ 层第 $j$ 个节点的输出值：

$$O_{jk}^l = f(net_{jk}^l) \tag{2-11}$$

式中：$f$ 为传递函数。

②反向传播：将实际输出值与期望输出值进行比较，若误差不满足条件，则向后反向传播。

误差函数为平方型，其数学描述如下：

$$E_k = \frac{1}{2} \sum_i (y_{jk} - \bar{y}_{jk})^2 \tag{2-12}$$

$\bar{y}_{jk}$ 是单元 $j$ 的实际输出，则总误差为

$$E = \frac{1}{2N} \sum_{k=1}^N E_k \tag{2-13}$$

修正权值：

$$w_{ij} = w_{ij} - \mu \frac{\partial E}{\partial w_{ij}} \quad \mu > 0 \tag{2-14}$$

式中：$\mu$ 为步长。

### 2.3.2 岩体质量智能分级的神经网络模型建立

#### 2.3.2.1 输入输出指标

1）输入指标的选取

根据边坡工程岩体质量影响因素，M-RMR 评价体系包含 7 个评价指标，分别为：$R_1$ 为岩石抗压强度，$R_2$ 为岩石质量指标 RQD、$R_3$ 为节理间距，$R_4$ 为节理状态，$R_5$ 为地下水状态，$R_6$ 为节理方向对工程影响的修正参数，$R_7$ 为地应力修正参数（岩体损伤系数 $Z$）。因此选取以上 7 个因素作为神经网络的输入指标，即神经网络输入神经元个数为 7。

2）输出指标的选取

M-RMR 评价体系得出的结果是岩体质量评分值，评分值 [100, 80) 属于 I 级质量岩体，评分值 [80, 60) 为 II 级岩体，评分值 [60, 40) 为 III 级岩体，评分值 [40, 20) 为 IV 岩体，评分值 [20, 0] 为 V 级岩体。

#### 2.3.2.2 学习样本的生成

1）样本资料的来源

用大宝山露天矿岩体质量分级数据（表 2-1~表 2-3）、栾川钼矿露天采场岩体质量分级数据（表 2-4、表 2-5）、德兴铜矿西源岭边坡、杨桃岭边坡和石金岩边坡岩体质量分级数据（表 2-6~表 2-8）及相关国内外研究成果数据[72~74, 81, 84~88, 97~104]，建立边坡岩体智能分级的神经网络知识库模型。

2）网络的学习样本

在 BP 神经网络中，传递函数为 (0, 1) 的 S 型函数，输出层为线性函数。根据表 2-1~表 2-8 及国内外边坡研究数据，归一化处理后神经网络学习样本数据如表 2-9 所示（表中仅列出了部分数据，$R_1$~$R_7$ 归一化处理为其值除以 50，输出结果归一化处理为其值除以 100）。

表 2-9 岩体质量智能分级知识库模型学习样本

| 序号 | 输入 | | | | | | | 输出 |
|---|---|---|---|---|---|---|---|---|
| | $R_1$ | $R_2$ | $R_3$ | $R_4$ | $R_5$ | $R_6$ | $R_7$ | M-RMR 分值 |
| 1 | 0.196 | 0.316 | 0.210 | 0.400 | 0.220 | -0.100 | -0.020 | 0.611 |
| 2 | 0.268 | 0.316 | 0.216 | 0.320 | 0.260 | -0.100 | 0.000 | 0.640 |
| 3 | 0.196 | 0.286 | 0.226 | 0.360 | 0.160 | -0.100 | 0.000 | 0.564 |

续表2-9

| 序号 | 输入 | | | | | | | 输出 |
|---|---|---|---|---|---|---|---|---|
| | $R_1$ | $R_2$ | $R_3$ | $R_4$ | $R_5$ | $R_6$ | $R_7$ | M-RMR 分值 |
| 4 | 0.268 | 0.286 | 0.216 | 0.360 | 0.280 | -0.100 | -0.020 | 0.645 |
| 5 | 0.196 | 0.286 | 0.200 | 0.300 | 0.080 | -0.240 | 0.000 | 0.411 |
| 6 | 0.268 | 0.286 | 0.216 | 0.340 | 0.140 | -0.240 | 0.000 | 0.505 |
| 7 | 0.196 | 0.260 | 0.216 | 0.280 | 0.100 | -0.100 | 0.000 | 0.476 |
| 8 | 0.196 | 0.260 | 0.200 | 0.280 | 0.160 | -0.240 | 0.000 | 0.428 |
| 9 | 0.196 | 0.260 | 0.250 | 0.360 | 0.160 | -0.240 | 0.000 | 0.493 |
| 10 | 0.170 | 0.260 | 0.174 | 0.260 | 0.140 | -0.240 | 0.000 | 0.382 |
| 11 | 0.170 | 0.260 | 0.180 | 0.260 | 0.140 | -0.240 | 0.000 | 0.385 |
| 12 | 0.196 | 0.300 | 0.230 | 0.300 | 0.080 | -0.100 | 0.000 | 0.503 |
| 13 | 0.196 | 0.286 | 0.230 | 0.320 | 0.100 | -0.100 | 0.000 | 0.516 |
| 14 | 0.268 | 0.286 | 0.216 | 0.360 | 0.220 | -0.100 | 0.000 | 0.625 |
| 15 | 0.196 | 0.286 | 0.216 | 0.320 | 0.220 | -0.100 | -0.020 | 0.559 |
| 16 | 0.268 | 0.286 | 0.216 | 0.340 | 0.220 | -0.100 | -0.020 | 0.605 |
| 17 | 0.196 | 0.300 | 0.220 | 0.340 | 0.140 | -0.240 | 0.000 | 0.478 |
| 18 | 0.196 | 0.300 | 0.220 | 0.360 | 0.140 | -0.240 | 0.000 | 0.488 |
| 19 | 0.196 | 0.300 | 0.220 | 0.380 | 0.220 | -0.100 | -0.040 | 0.588 |
| 20 | 0.268 | 0.300 | 0.230 | 0.320 | 0.240 | -0.100 | -0.040 | 0.609 |
| 21 | 0.254 | 0.286 | 0.240 | 0.340 | 0.160 | -0.100 | -0.040 | 0.570 |
| 22 | 0.254 | 0.286 | 0.216 | 0.320 | 0.240 | -0.100 | -0.040 | 0.588 |
| 23 | 0.316 | 0.260 | 0.250 | 0.380 | 0.260 | -0.100 | -0.040 | 0.663 |
| 24 | 0.254 | 0.260 | 0.216 | 0.360 | 0.080 | -0.240 | -0.004 | 0.445 |
| 25 | 0.254 | 0.260 | 0.206 | 0.280 | 0.140 | -0.100 | -0.110 | 0.465 |
| 26 | 0.218 | 0.260 | 0.216 | 0.180 | 0.080 | -0.160 | -0.002 | 0.342 |
| 27 | 0.254 | 0.260 | 0.226 | 0.380 | 0.260 | -0.100 | -0.110 | 0.585 |
| 28 | 0.254 | 0.286 | 0.200 | 0.360 | 0.260 | -0.100 | -0.006 | 0.575 |
| 29 | 0.254 | 0.286 | 0.216 | 0.320 | 0.220 | -0.100 | -0.110 | 0.543 |
| 30 | 0.218 | 0.286 | 0.220 | 0.180 | 0.060 | -0.180 | -0.008 | 0.337 |

**续表2-9**

| 序号 | 输入 | | | | | | | 输出 |
|---|---|---|---|---|---|---|---|---|
| | $R_1$ | $R_2$ | $R_3$ | $R_4$ | $R_5$ | $R_6$ | $R_7$ | M-RMR 分值 |
| 31 | 0.218 | 0.260 | 0.240 | 0.180 | 0.100 | −0.100 | −0.110 | 0.394 |
| 32 | 0.254 | 0.316 | 0.216 | 0.360 | 0.180 | −0.100 | −0.006 | 0.558 |
| … | … | … | … | … | … | … | … | … |
| 867 | 0.254 | 0.316 | 0.216 | 0.360 | 0.220 | −0.100 | −0.110 | 0.578 |
| 868 | 0.196 | 0.286 | 0.2160 | 0.320 | 0.280 | −0.100 | −0.060 | 0.579(0.536*) |
| 869 | 0.218 | 0.260 | 0.200 | 0.260 | 0.120 | −0.240 | −0.110 | 0.354(0.368*) |
| 870 | 0.218 | 0.260 | 0.180 | 0.260 | 0.160 | −0.240 | −0.008 | 0.364(0.371*) |
| 871 | 0.254 | 0.316 | 0.216 | 0.360 | 0.180 | −0.240 | −0.006 | 0.488(0.479*) |

注：带星号数据为神经网络预测值。

### 2.3.2.3 神经网络参数设计

1)网络层数

研究表明，增加网络层数有利于提高神经网络模拟计算精度，但网络复杂，会增加训练时间。根据相关研究经验，本书采用三层 BP 神经网络模型。

2)神经元个数

在本书中，影响岩体质量分级的因素有七个(分别为 $R_1$，$R_2$，$R_3$，…，$R_7$)，故输入层神经元数为七个，输出结果为岩体质量评分值，故输出层神经元为 1 个。

3)激活函数

在本书 BP 神经网络模型中，隐含层激活函数用正切函数，输出层用线性激活函数。

4)学习速率

神经网络研究表明，适当增大学习速率可加快网络收敛，但可能使系统不稳定；如果学习速率过小，收敛速度慢，会导致训练时间过长。根据神经网络研究经验，本书取学习速率为 0.001。

5)期望误差

期望误差是通过对不同期望误差网络的对比训练来选取的，本书选取期望系统平均误差为 0.001。

6)隐含层神经元个数

适当的隐含层神经元数是网络模型功能实现成功与否的关键，隐含层神经元数太少，网络不能训练出来，或网络不"强壮"，容错性差；隐含层神经元数太多又会使学习时间过长，误差也不一定最佳，因此存在一个最佳隐含层神经元数。

通过试验，训练得到隐含层神经元数分别为 8~17 时，训练误差如表 2-10 所示。由表 2-10 表明，隐含层神经元个数为 15 时，BP 网络对函数的逼近效果最好，其误差最小。因此将网络隐含层神经元数设定为 15，神经网络结构为 7-15-1 型。

表 2-10　网络训练误差

| 隐含层神经元个数 | 8 | 9 | 10 | 11 | 12 |
| --- | --- | --- | --- | --- | --- |
| 网络误差 | 0.000814 | 0.0008133 | 0.0007995 | 0.0007588 | 0.0008151 |
| 隐含层神经元个数 | 13 | 14 | 15 | 16 | 17 |
| 网络误差 | 0.0008018 | 0.0006939 | 0.0006291 | 0.0006821 | 0.0006491 |

### 2.3.2.4　神经网络训练

神经网络训练的相关参数设计完成之后，便开始对网络进行训练。训练表 2-9 中 1~867 号数据、并以 868~871 号数据作为检验数据，不参与神经网络建模。

训练编制了如下 Matlab 程序：

```
input=[……]
out=[……]
[ww₁, bb₁, w w₂, bb₂]= initff(input, 15, ' tansig', out, ' purelin')
dispfreq=10
errgoal=0. 001
maxepoch=8000
lr=0. 001
aa₁=tansig(ww₁* input, bb₁)
aa₂=purelin(ww₂* aa₁, bb₂)
ee=out- aa₂
dd₂=deltalin(aa₂, ee)
dd₁=deltatan(aa₁, dd₂, ww₂)
[dww₁, dbb₁]= learnbp(input, dd₁, lr)
[dww₂, dbb₂]= learnbp(aa₁, dd₂, lr)
ww₁= ww₁+dww₁
```

$bb_1 = bb_1 + dbb_1$

$ww_2 = ww_2 + dww_2$

$bb_2 = bb_2 + dbb_2$

tp = [10 maxepoch errgoal lr]

[$ww_1$, $bb_1$, $ww_2$, $bb_2$, errors] = trainbp($ww_1$, $bb_1$, 'tansig', $ww_2$, $bb_2$, 'purelin', input, out, tp)

sse = sumsqr(out - purelin($ww_2$ * tansig($ww_1$ * input, $bb_1$), $bb_2$))

fid = fopen('datww$_1$. dat', 'w')

fprintf(fid, '%g', $ww_1$)

status = fclose(fid)

fid = fopen('datww2. dat', 'w')

fprintf(fid, '%g', ww2)

status = fclose(fid)

fid = fopen('datbb1. dat', 'w')

fprintf(fid, '%g', bb1)

status = fclose(fid)

fid = fopen('datbb2. dat', 'w')

fprintf(fid, '%g', bb2)

status = fclose(fid)

采用以上 Matlab 程序进行神经网络训练，训练 8000 次后，网络训练完成(图 2-5 所示)。

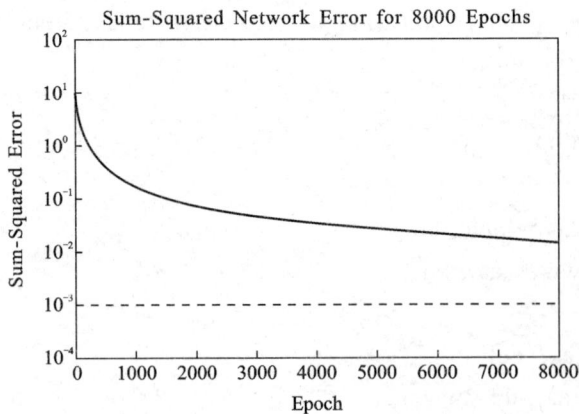

图 2-5　BP 神经网络训练误差曲线

训练得到神经网络知识库的权值参数：

$$W_1 = \begin{bmatrix} 8.0694 & -4.4083 & -16.7033 & 0.0271 & -0.0524 & 3.7968 & -8.6430 \\ -4.3178 & 18.3159 & 7.6545 & 2.2661 & 4.2778 & 0.7869 & -10.4450 \\ 2.3354 & 22.8548 & -2.1143 & -0.8277 & 4.5968 & -1.3197 & 10.8808 \\ -0.3570 & -5.3497 & 18.9095 & -3.0041 & 2.1181 & 4.7440 & -9.0794 \\ 7.3675 & 19.2924 & -1.2297 & -3.8751 & 3.9912 & 2.3571 & -5.0685 \\ 5.2495 & -22.9196 & -3.0838 & -3.9847 & 2.1920 & 6.0507 & 4.2175 \\ -0.8686 & -7.9870 & 13.9349 & 2.5700 & -2.1127 & 9.8365 & -5.9929 \\ -10.5263 & 17.9170 & 1.0874 & -2.8195 & -3.0386 & 0.4582 & -0.9110 \\ 5.1162 & -20.2293 & -9.0457 & 0.4812 & -1.6498 & 6.2792 & -9.1755 \\ -1.0300 & -16.7806 & 5.8341 & -4.1769 & 0.3662 & -6.0333 & 11.5134 \\ 2.1923 & -14.8406 & 12.4064 & 2.4672 & 2.7885 & 9.6580 & 2.0877 \\ 5.7617 & -15.4249 & -18.1059 & -1.5411 & -2.4309 & -4.7254 & -2.0119 \\ 8.1646 & 5.2270 & 6.7328 & 4.6012 & 4.3196 & -5.0123 & 0.4062 \\ 5.1996 & -12.8798 & -4.9776 & 5.1538 & 1.0347 & 8.3990 & -4.7859 \\ -7.2513 & -17.6593 & 14.4220 & 1.4900 & -1.8718 & 5.4965 & -2.0387 \end{bmatrix}$$

$$W_2 = [\, 0.0069 \quad 0.0872 \quad 0.0692 \quad -0.0945 \quad 0.1327 \quad 0.0389 \quad 0.1701 \quad -0.1558$$
$$\quad -0.1759 \quad 0.1669 \quad -0.1814 \quad -0.0204 \quad -0.1202 \quad 0.2508 \quad 0.0491 \,]_{\circ}$$

存储参数：

$$B_1 = [\, 2.4410 \quad -7.4430 \quad -5.7531 \quad -1.6363 \quad -6.3041 \quad 7.5602 \quad 0.4719$$
$$\quad -0.7224 \quad 7.6923 \quad 4.2399 \quad 1.7404 \quad 7.5427 \quad -8.9024 \quad 3.4687$$
$$\quad 3.8628 \,];$$

$$B_2 = 0.4932_{\circ}$$

用建立的神经网络模型对 868～871 序列数据进行验算，得出的计算数据如表 2-9 所示。

从表 2-9 可以看出，四组数据的计算误差分别为 7.43%、3.95%、1.92%、1.84%，建立的岩体质量分级神经网络知识库模型具有较高的精度。

## 2.4 岩体质量影响因素的灰色关联排序

岩体质量与岩石强度、RQD 值、节理间距、结构面条件、地下水、节理走向、地应力等 7 个因素相关。那么，在岩体质量的影响因素中，哪一因素对岩体质量影响最大？为此，根据表 2-9 各矿山边坡岩体质量与其影响因素的统计结果，采用灰色理论对岩体质量影响因素进行灰色关联排序。

灰色关联排序的原理如下[350, 351]：

设有一个参考数列(或称母序列，本例为岩体质量评分值)：

$$\{X_0 = X_0(k) \mid k = 1, 2, \cdots, n\} \tag{2-15}$$

设有 $m$ 个比较数列(或称子序列，本例为岩体质量的各影响因素)：

$$X_i = \{X_i(k) \mid k = 1, 2, \cdots, n\}, \ i = 1, 2, \cdots, m \tag{2-16}$$

$X_i(k)$ 与 $X_0(k)$ 的关联系数为

$$\xi_i(k) = \frac{\min\limits_{i}\min\limits_{k}|X_0(k)-X_i(k)| + \rho\max\limits_{i}\max\limits_{k}|X_0(k)-X_i(k)|}{|X_0(k)-X_i(k)| + \rho\max\limits_{i}\max\limits_{k}|X_0(k)-X_i(k)|} \tag{2-17}$$

设 $\Delta_i(k) = |X_0(k)-X_i(k)|$，式(2-17)可写为

$$\xi_i(k) = \frac{\min\limits_{i}\min\limits_{k}\Delta_i(k) + \rho\max\limits_{i}\max\limits_{k}\Delta_i(k)}{\Delta_i(k) + \rho\max\limits_{i}\max\limits_{k}\Delta_i(k)} \tag{2-18}$$

式中：$\rho \in [0, +\infty)$，称为分辨率系数，$\rho$ 越小，分辨率越大，$\rho$ 取值视具体情况而定[350]，取值区间为 $[0, 1]$，一般取 $\rho = 0.5$。

式(2-18)计算的是各比较数列与参考数列在各点的关联系数，结果较多，且信息过于分散，不便于比较。因此，必须将每一比较数列各个点的关联系数集中体现在一个数值上，这一数值即为灰色序列的关联度，记作 $\gamma_i$：

$$\gamma_i = \frac{1}{n} \sum_{k=1}^{n} \xi_i(k) \tag{2-19}$$

对灰色序列的关联度 $\gamma_i$ 进行排序，假设其排序为：$\gamma_1 > \gamma_2 > \gamma_3 > \cdots > \gamma_m$，则表明 $X_1$ 与 $X_0$ 最接近，或 $X_1$ 对 $X_0$ 的影响最大(本例中表明因素 $X_1$ 对岩体质量的影响最大)，$X_2$ 次之，依次排序。

进行灰色关联排序前，通常要对数列作生成处理，常用方法有初值化，最小值化，最大值化和平均值化等[352]。本书采用神经网络建模的归一化处理(表2-9)，按下式形成相应序列 $X'_i$：

$$X'_i = X_i(k) \Big/ \frac{1}{n} \sum_{i=1}^{n} X_i(k) \quad k = 1, 2, \cdots, m \tag{2-20}$$

按照上述原理，编制了相应计算程序(Matlab 语言)。

根据表 2-9 岩体质量评分与其影响因素的统计结果，分析样本个数 $n = 871$，排序数列个数 $m = 7$(分别为岩石强度、RQD 值、节理间距、结构面条件、地下水、节理走向影响和地应力 7 个因素)，取分辨率系数 $\rho = 0.5$。用编制的 Matlab 程序进行计算，得出岩石强度、RQD 值、节理间距、结构面条件、地下水、节理走向和地应力 7 个因素的灰色关联度分别为 0.6880、0.7389、0.7336、0.6556、0.6762、0.6010、0.5642。

以上计算结果表明，岩体 RQD 值和节理间距是影响岩体质量的决定因素；岩

石强度决定了岩体的力学性质，是影响岩体质量的重要因素；地下水对岩体质量的影响也不容忽视；节理走向和地应力对露天边坡岩体质量有一定的影响，但影响程度相对较小。

## 2.5　本章小结

（1）岩体工程质量是岩体所固有的特性，它是影响工程岩体稳定性的最基本属性。在总结国内、外工程岩体质量分级研究成果的基础上，研究了岩石力学性质、RQD 值、节理裂隙、地下水和地应力对边坡岩体稳定性的影响，提出了适应边坡工程岩体稳定性评价的岩石单轴抗压强度、RQD 值、节理间距和地应力参数的修正方法，用岩石单轴抗压强度、RQD 值、节理间距、节理状态、地下水状态、节理方向和地应力状态 7 个指标建立了矿山边坡岩体质量评价体系。

（2）根据建立的矿山边坡工程岩体质量评价体系，在对广东大宝山矿+1000 m、+900 m、+800 m 水平 16~38 线、42~62 线工程地质调查的基础上，科学划分了大宝山矿各区域岩体质量；并对栾川钼矿露天采区+1414 m、1330 m 水平 A 线~L 线工程岩体质量进行了评价，确定了各关键区域的工程岩体质量；同时对德兴铜矿露天采区的西源岭边坡、杨桃岭边坡和石金岩边坡各勘探线岩体进行了综合分析，划分了矿区工程岩体质量，为露天开采工程设计与施工提供了依据。

（3）利用神经网络具有大规模并行处理、分布式信息存储以及很强学习功能的特征，采用国内外大量矿山边坡工程数据，建立了矿山边坡岩体质量与岩石强度、RQD 值、节理间距、结构面条件、地下水、节理走向、地应力等影响因素的神经网络知识库模型，实现了矿山边坡工程岩体质量智能分级。

（4）根据大量国内外矿山边坡工程岩体质量数据，用灰色关联排序原理得出了岩石强度、RQD 值、节理间距、结构面条件、地下水、节理走向和地应力 7 个因素的灰色关联度（分别为：0.6880、0.7389、0.7336、0.6556、0.6762、0.6010、0.5642）。研究结果表明，岩体 RQD 值和节理间距是影响岩体质量的决定因素；岩石强度决定了岩体的力学性质，是影响岩体质量的重要因素；地下水对岩体质量的影响也不容忽视；节理走向和地应力对露天边坡岩体质量有一定的影响，但影响程度相对较小。

# 第3章 循环冲击载荷与化学腐蚀耦合作用下边坡岩石力学特性研究

## 3.1 概述

频繁爆破虽然不至于造成边远区岩体的直接破坏，但会使边坡岩体整体结构面发生松动滑移，有利于构建化学腐蚀通道，化学溶液将沿裂隙群形成的侵蚀通道向边坡岩石内部进一步蔓延渗透，进而加剧对岩石的侵蚀。两者相互作用，相互影响。通过霍普金森压杆(split hopkinson pressure bar，SHPB)对化学溶液浸泡后的岩石进行循环冲击加载试验，得到不同工况下岩石循环冲击加载的动态应力-应变曲线，分析岩石动态力学强度与循环冲击次数、化学溶液及轴向静载之间的关系。

其次，传统的应力破坏准则和强度理论较难分析边坡岩石循环冲击加载下复杂的强度劣化和整体破坏行为。边坡岩石的破坏模式、微观结构及破碎程度都是影响边坡摩擦副稳定性的重要因素。岩石内部随机分布的异向微裂纹在应力波作用下形成不同角度复合裂纹。不同的应力状态及腐蚀程度导致裂纹扩展、连接、贯穿发生差异性宏观表现。对化学溶液浸泡的试件经循环冲击加载后得到的岩石碎块样本进行宏观模式、微观结构和破坏程度分析，研究边坡岩石在循环冲击荷载与化学腐蚀耦合作用下的受力状态、破坏模式及微观结构机制响应，以验证循环冲击载荷和化学腐蚀耦合作用对边坡岩石动态力学性能疲劳劣化及损伤演化的影响，从而为边坡开采过程中岩土工程稳定性和生产安全性奠定理论基础。

## 3.2　边坡岩石动态力学特性研究

### 3.2.1　三波处理计算方法

传统的二波处理法难以消除应力波在霍普金森压杆传播中产生的误差，三波处理法具有更好的可信度且能较大程度地规避数据处理过程中人为因素带来的影响。根据一维应力波理论，当试件两侧质点位移速度相等且应力达到平衡时，试件的应力、应变及平均应变率即可通过三波处理法计算得出[353~355]，即式(3-1)~式(3-2)。

$$\sigma_t = \frac{A_e E_e}{2A_s}\left[\varepsilon_l(t)+\varepsilon_R(t)+\varepsilon_T(t)\right] \tag{3-1}$$

$$\varepsilon_t = \frac{C_e}{L_s}\int_0^t\left[\varepsilon_l(t)-\varepsilon_R(t)-\varepsilon_T(t)\right]dt \tag{3-2}$$

$$\dot{\varepsilon}_t = \frac{C_e}{L_s}\left[\varepsilon_l(t)-\varepsilon_R(t)-\varepsilon_T(t)\right] \tag{3-3}$$

式中：$A_e$，$A_s$ 分别为弹性杆和试件横截面面积，$mm^2$；$L_s$ 为试件的长度，mm；$E_e$，$C_e$ 分别为弹性杆的弹性模量和纵波波速，GPa，m/s；$\varepsilon_l(t)$，$\varepsilon_R(t)$，$\varepsilon_T(t)$ 分别为入射、反射以及透射波应变信号。

冲击加载过程是处在一个独立系统内进行的，系统与外界的能量交换考虑不计。根据能量守恒定律，可将入射波、反射波和透射波信号代入式(3-4)~式(3-6)计算得出入射能、反射能和透射能[356]。

$$W_l = AC_e E_e\int_0^\tau\varepsilon_l^2(t)\,dt \tag{3-4}$$

$$W_R = AC_e E_e\int_0^\tau\varepsilon_R^2(t)\,dt \tag{3-5}$$

$$W_T = AC_e E_e\int_0^\tau\varepsilon_T^2(t)\,dt \tag{3-6}$$

式中：$W_l$，$W_R$，$W_T$ 分别为入射能、反射能、透射能，J。

目前，国内外学者基于应力波理论，针对入射波、反射波、透射波的能量进行了大量研究分析[357]，但对岩石内应力波传播的波形特性却鲜有提及，并且在已有的研究成果中，对循环冲击加载试验中波形特征规律分析研究较少。本书引入应力波的透射、反射系数定义，即波形图中透射波应变峰值、反射波应变峰值与入射波应变峰值的比，见式(3-7)和式(3-8)。

$$R = \frac{|\varepsilon_R(t)|_{\max}}{|\varepsilon_I(t)|_{\max}} \tag{3-7}$$

$$T = \frac{|\varepsilon_T(t)|_{\max}}{|\varepsilon_I(t)|_{\max}} \tag{3-8}$$

式中：$\varepsilon_I(t)$ 为入射波应变峰值；$\varepsilon_R(t)$ 为反射波应变峰值；$\varepsilon_T(t)$ 为透射波应变峰值。

### 3.2.2 循环冲击加载下应力波传播特性

以轴压 6.3 MPa、pH 为 7 的 NaCl 溶液浸泡后砂岩循环冲击加载试验为例，图 3-1(a)为其循环冲击加载过程波形叠加图，从图中可以看出在冲击加载过程中入射波的峰值电压幅值较接近，波形叠加基本重合，满足等幅循环冲击加载的要求。

从图 3-1 可以看出，在相同冲击载荷加载下，随着循环冲击次数的增加，透射波、反射波形无明显变化，但反射波幅值逐渐增大，透射波幅值逐渐减小，循环冲击加载后期的透射波、反射波幅值变化更明显，不同轴压、pH 下均有此现象。根据式(3-7)和式(3-8)对应力波透射系数和反射系数定义，循环冲击加载过程中应力波传播的透反射系数变化情况如图 3-2 所示。从图 3-2 可以看出，随着循环冲击次数的增加，透射系数逐渐减小，反射系数呈现先减小后增大的趋势，四种轴压均有此现象。从应力波在节理岩中传播的角度分析，冲击加载使得岩石孔隙膨胀应力和基体膨胀应力增加，促使其各向异性裂纹拓展，加剧了岩石内部损伤累积，削弱了其整体强度。透射波因岩石内部损伤传播阻碍增大，透射能量衰减加剧，透射系数减小。基于透射效应的减小，微裂纹形成增多，反射波系数整体呈增大趋势，但由于初始冲击会使岩石有被压密的过程，原始裂隙、节理闭合，造成的应力波穿透性开始时增强，反射效应减弱，可见图 3-2(a)中反射系数有先减小趋势。

此外，由于岩石实际并非完全均质的，在循环冲击载荷加载下，岩石裂纹和节理的完整变形也是非线性的[358]。岩石裂隙、节理在多次冲击加载过程中不断被活化生长，节理变大、数量增多，其刚度、波阻抗会随之降低，节理闭合量与节理最大闭合量的比值减小，试件累计损伤逐渐增加。因此，应力波在非线性裂纹和节理岩界面传播的透射、反射系数还与岩石节理的初始刚度 $K_0$、频率 $\omega$、波阻抗 $Z$ 和节理闭合量与节理最大闭合量的比值 $\gamma$ 有关，可根据式(3-9)和式(3-10)计算[359]。

$$R = \frac{1}{\sqrt{1 + 4\left[\dfrac{K_0}{\omega Z(1-\gamma)^2}\right]^2}} \tag{3-9}$$

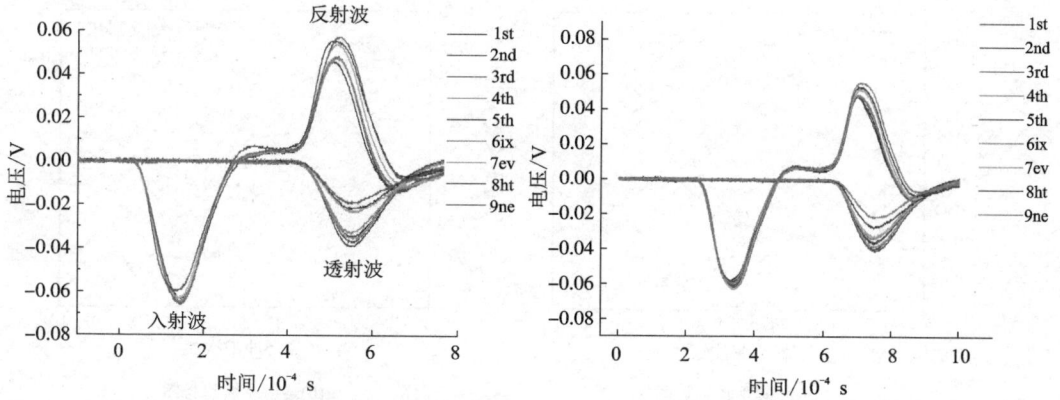

(a) 循环冲击加载过程典型波形叠加图

(b) $\sigma_{as} = 6.3$ MPa

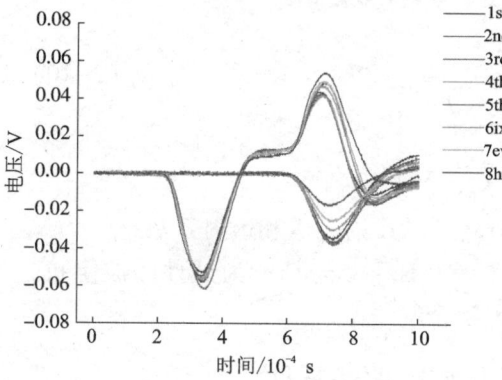

(c) $\sigma_{as} = 12.6$ MPa

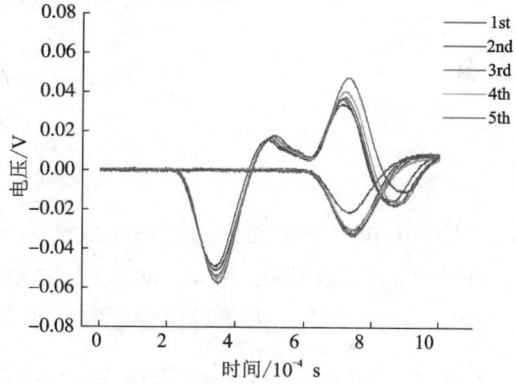

(d) $\sigma_{as} = 20.5$ MPa

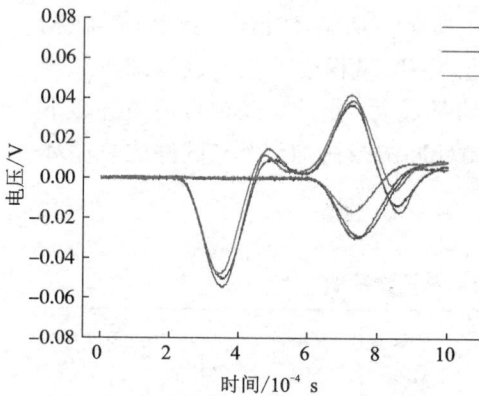

(e) $\sigma_{as} = 26.8$ MPa

**图 3-1　不同轴压工况下循环冲击加载过程波形叠加图**

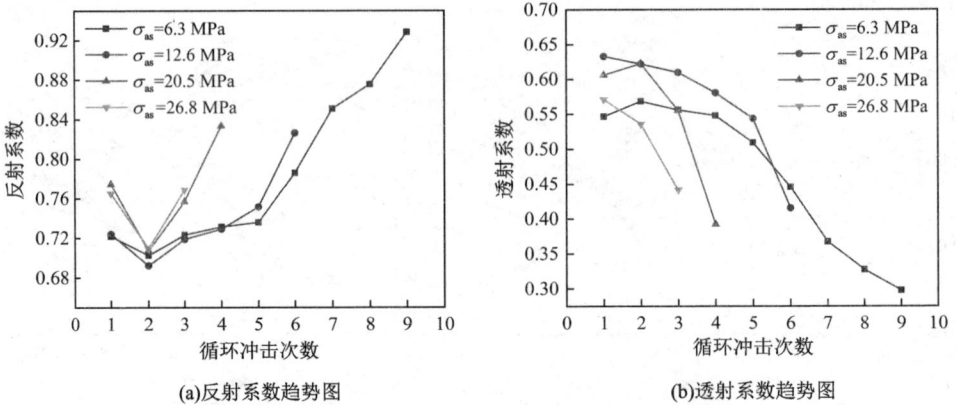

(a)反射系数趋势图          (b)透射系数趋势图

**图 3-2    循环冲击次数与透反射系数变化情况**

$$T = \cfrac{2}{\sqrt{4 + \left[\cfrac{\omega Z\left(1 - \cfrac{d}{d_m}\right)^2}{K_0}\right]^2}} \qquad (3-10)$$

式中：$R$ 和 $T$ 分别为应力波在非线性节理处传播的反射系数和透射系数；$K_0$ 为试件节理的初始刚度，N/m；$\omega$ 为应力波的频率，Hz；$Z = \rho C_P$，为试件的波阻抗，MPa/s；$\gamma = d/d_m$，为节理闭合量与节理最大闭合量之比。

### 3.2.3  循环冲击加载载荷下岩石应力-应变曲线特性

循环冲击加载的试件参数及结果如表 3-1 所示。从循环冲击次数上看，在相同轴压下，试件所能承载的总循环冲击次数随溶液酸碱程度极化而逐渐减少。当 pH 为 7 时，试件的总循环冲击次数和应力峰值都最大，由此反映中性溶液环境下砂岩对循环冲击载荷的抗冲击能力最强。在循环冲击载荷加载下，试件的总循环冲击次数随轴压的增加而逐渐减少。

**表 3-1    试件基本物理参数及试验数据**

| 编号 | $\sigma_{as}$ /MPa | 长度 /mm | 直径 /mm | 密度 /(kg·m⁻³) | pH | $\sigma_{fd}$ /MPa | $\sigma_{md}$ /MPa | $\sigma_{cs}$ /MPa | 循环冲击次数 |
|---|---|---|---|---|---|---|---|---|---|
| w-062 | 6.3 | 47.03 | 49.08 | 2315 | 2 | 39.64 | 43.51 | 49.81 | 9 |
| w-052 | 6.3 | 47.05 | 49.09 | 2329 | 7 | 43.12 | 43.20 | 49.5 | 9 |
| w-033 | 6.3 | 47.06 | 49.11 | 2312 | 9 | 42.68 | 42.68 | 48.98 | 9 |

续表3-1

| 编号 | $\sigma_{as}$ /MPa | 长度 /mm | 直径 /mm | 密度 /(kg·m⁻³) | pH | $\sigma_{fd}$ /MPa | $\sigma_{md}$ /MPa | $\sigma_{cs}$ /MPa | 循环冲击次数 |
|---|---|---|---|---|---|---|---|---|---|
| w-042 | 6.3 | 47.06 | 49.09 | 2322 | 12 | 42.03 | 49.43 | 55.73 | 8 |
| w-063 | 12.6 | 47.05 | 49.12 | 2327 | 2 | 37.16 | 41.42 | 54.02 | 5 |
| w-053 | 12.6 | 47.06 | 49.09 | 2312 | 7 | 51.56 | 51.56 | 64.16 | 8 |
| w-034 | 12.6 | 47.05 | 49.09 | 2322 | 9 | 49.61 | 49.61 | 62.21 | 6 |
| w-043 | 12.6 | 47.07 | 49.10 | 2328 | 12 | 39.87 | 50.10 | 62.7 | 6 |
| w-064 | 20.5 | 47.14 | 49.14 | 2312 | 2 | 38.46 | 38.46 | 58.96 | 4 |
| w-054 | 20.5 | 47.08 | 49.13 | 2329 | 7 | 43.11 | 43.11 | 63.61 | 5 |
| w-037 | 20.5 | 47.05 | 49.10 | 2329 | 9 | 40.72 | 40.72 | 61.22 | 5 |
| w-044 | 20.5 | 47.05 | 49.04 | 2320 | 12 | 40.75 | 42.83 | 63.33 | 4 |
| w-065 | 26.8 | 47.06 | 49.12 | 2308 | 2 | 27.26 | 31.92 | 58.72 | 2 |
| w-055 | 26.8 | 47.06 | 49.05 | 2329 | 7 | 32.01 | 32.01 | 58.81 | 3 |
| w-036 | 26.8 | 47.06 | 49.06 | 2318 | 9 | 28.82 | 30.51 | 57.31 | 3 |
| w-045 | 26.8 | 47.07 | 49.02 | 2317 | 12 | 25.71 | 29.98 | 56.78 | 2 |

注：$\sigma_{as}$ 为轴压载荷；$\sigma_{fd}$ 为首次冲击的峰值应力；$\sigma_{md}$ 为循环冲击过程中的最大峰值应力；$\sigma_{cs}$ 为动静组合强度。

金解放[360]利用动静组合加载试验系统地对不同轴压工况下的砂岩进行循环冲击加载试验，得到了循环冲击砂岩的典型动态应力-应变曲线，探究轴压和循环次数对砂岩动态强度和变形特性的影响，并得出相应结论。图 3-3 为不同轴压工况下循环冲击加载的动态应力-应变曲线叠加图。从图 3-3 中可以看出，无论施加轴压大小还是溶液 pH 的变化，循环冲击加载的应力-应变曲线线形都表现出相似的特征。即加载初期，应力-应变曲线近似呈一条直线，此时可认为岩石产生了弹性变形，该时期岩石的波阻抗基本不变。继续加载，应力增加速率放缓，应变则快速增加，曲线切线斜率逐渐降低，此时试样内部由于冲击压缩效应，微裂纹扩展损伤不断增加，直至达到最大应力值，即峰值应力，其大小反映岩石抵抗外部冲击载荷的最大能力。随后，应力逐渐降低，应变持续增加，直至岩石达到最大抗变形能力。加载的后期，曲线出现"回弹"现象，表现为典型的 Ⅱ 型应力-应变曲线。

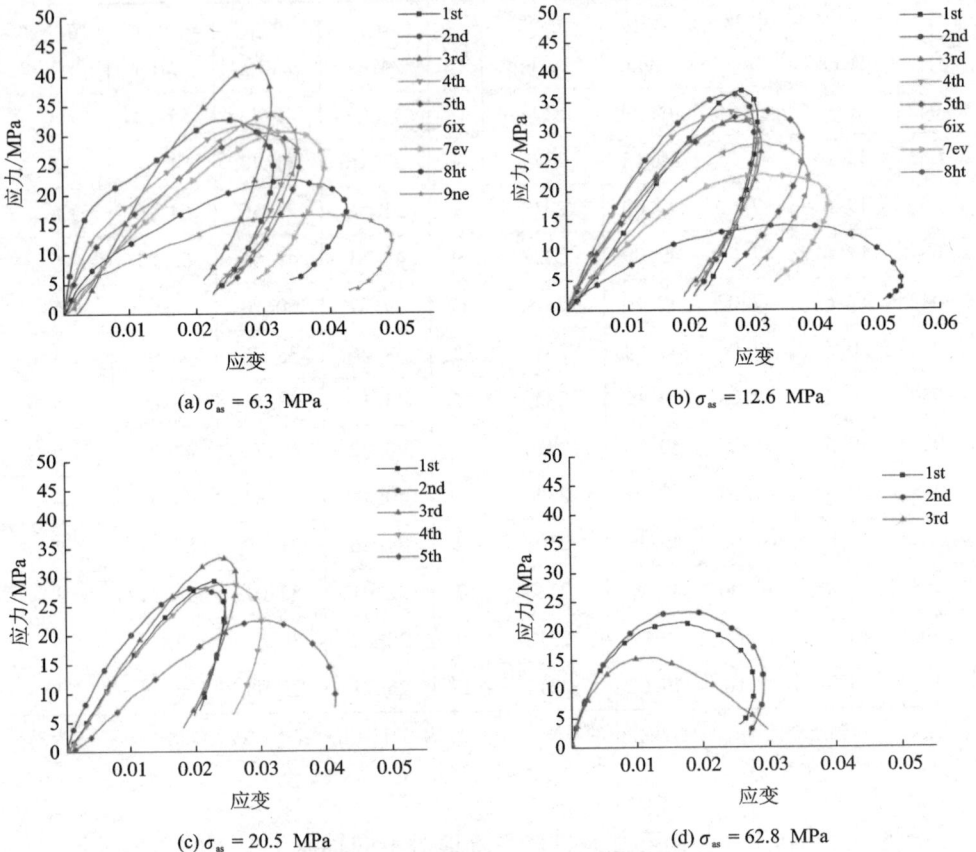

(a) $\sigma_{as}$ = 6.3 MPa

(b) $\sigma_{as}$ = 12.6 MPa

(c) $\sigma_{as}$ = 20.5 MPa

(d) $\sigma_{as}$ = 62.8 MPa

图3-3　不同轴压工况下循环冲击加载应力-应变曲线

以图3-3(a)轴压6.3 MPa、pH为7的NaCl溶液浸泡砂岩的循环冲击加载应力-应变曲线为例,可直观看出整个循环冲击加载的应力-应变曲线均为典型的Ⅱ型应力-应变曲线。以循环冲击次数为界,可将此应力-应变曲线大致分为三类,初期(第1~5次冲击)为半椭圆形高扁曲线,弹性模量、峰值应力及最大应变较为接近,加载阶段的应力随应变的增加而急剧增加,斜率较为陡峭,弹性模量较大,此阶段最大应力值就是该试件在整个加载过程中所能承受的最大冲击应力值,称为峰值强度,而卸载阶段的应力随应变的增加而急剧下降;中期(第6~8次冲击)为矮扁形平曲线,弹性模量、峰值应力及最大应变的变化较初期阶段变化较明显,加载段、卸载段的应力随应变的变化较初始阶段更大,说明在前期载荷加载下,砂岩内部微裂缝被压实闭合导致模量变化小,中期岩石孔裂隙萌生、逐步拓展、贯通,承载能力骤降;后期(第9次冲击)为近似抛物线形曲线,峰值应力较小，曲线尾部的应变有减小的趋势，与宫凤强[361]确定的一维动静组合加载下岩石动态力学特性与强度准则试验的研究结果一致，说明白砂岩还没有完全破坏，仍具有一定的承载能力，但承载能力较小，无法再进行同等级轴压条件的加载。

### 3.2.4　循环冲击载荷加载下岩石强度特性

1）峰值应力与循环冲击次数的关系

峰值应力是衡量岩石力学特性的重要指标，表征岩石在循环冲击载荷加载下的抗冲击性能[362]。图 3-4 为典型试件在循环冲击加载过程中试件峰值应力与冲击次数之间的变化趋势。由图 3-4 可以看出在等幅循环冲击加载下，所有试件的峰值应力均随冲击次数的增加而逐渐降低，岩石循环冲击加载过程中的抗冲击能力逐渐减弱，即岩石在循环冲击加载下会出现强度劣化。

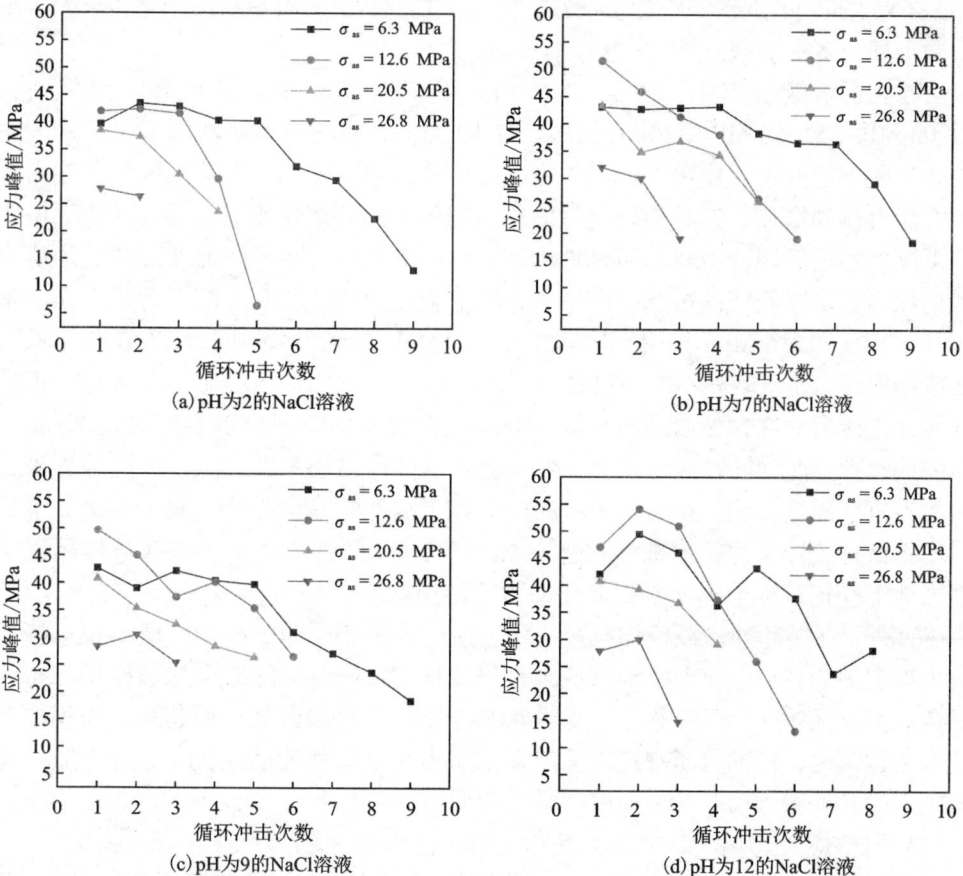

（a）pH为2的NaCl溶液

（b）pH为7的NaCl溶液

（c）pH为9的NaCl溶液

（d）pH为12的NaCl溶液

**图 3-4　不同 pH 条件下峰值应力与冲击次数的关系**

2) 峰值应力与轴向静压的关系

从图 3-4 中可以看出，轴压 6.3 MPa 下的试件经 1~3 次冲击的峰值应力发展平稳，这主要是由于 6.3 MPa 轴压工况是在岩石容许的弹性范围内，岩石内部的微裂隙仍处于弹性状态。在冲击载荷作用下，岩石内部微裂隙发育缓慢，破坏程度小。后期随着冲击次数的增加，微裂隙迅速拓展、连片、贯通，造成宏观破坏，此时岩石抗冲击性能急剧减弱，峰值应力迅速下降，试件抵抗外部冲击能力表现为前期平稳发展、后期急剧下降。轴压 12.6 MPa、20.5 MPa 相比 6.3 MPa 下，试件的应力峰值下降速率更快，没有"平缓发展"阶段，表明一定轴压预应力对岩石内部软弱点和微裂纹的破坏加剧岩石在循环冲击加载过程中的损伤累积；轴压 26.8 MPa 下的试件冲击次数少且岩石动态峰值应力小，此时岩石内部微裂隙在轴压预应力加载下已过度闭合，并开始产生新的微裂纹，即新的内部损伤。在冲击加载过程中，入射波在裂纹表面反射形成的拉伸波进一步加剧微裂纹的发育、拓展、贯通，试件宏观变形明显，内部损伤巨大，岩石承载能力下降，无法承受冲击载荷多次加载。

在相同溶液浸泡下，轴压 12.6 MPa 下试件首次冲击的峰值应力分别为 42.03 MPa、51.56 MPa、49.61 MPa、47.01 MPa，均大于其他轴压工况。这表明在此工况下动静组合作用下的试件内部原生孔隙更易于闭合，其抵抗外界冲击压缩的能力得到增强。但后期该试件的应力峰值下降速率快于其他轴压工况，说明该工况也加剧后期冲击载荷对试件内部损伤的累积，后期试件抗外部冲击的能力劣化加剧。随着循环冲击次数的增加，峰值强度呈现先增强、后弱化的趋势，轴压 6.3 MPa、12.6 MPa 作用下均有此规律。分析认为，当轴压预应力在某个低限度范围内时，随着动载不断重复冲击，砂岩试件内部的原生孔隙会先闭合，抵抗外界冲击能力会在初始阶段有一定的增强，但次生的微裂纹也会随之逐渐萌生、拓展成裂隙，直至贯通整个断面，在此过程中试件损伤不断扩大，抵抗外界破坏的能力也会随之减弱，到循环冲击的中后期，试件的峰值强度会加剧弱化，最后使岩石试件整体发生拉剪破坏；这与 Ma M 等[363]提出的反复地震载荷作用下节理岩地下开挖过程中损伤累积演化动力特性相似。

此外，在循环冲击载荷加载过程中，轴压 6.3 MPa、12.6 MPa 还出现了峰值应力增强的趋势，这种现象可以认为是岩石材料性能在动静组合加载作用下得到强化。李夕兵等[133]研究岩石一维动静组合加载下冲击破坏试验指出：当相同动载冲击加载时，岩石的动态抗压强度在轴压为其单轴强度 20% 的工况下最高，这与本书循环冲击 20%、40% 轴压的情况相似。

3) 峰值应力与化学腐蚀的关系

岩石是由一种或多种矿物组成的天然固态集合体，经过化学浸泡后的岩石，其原始矿物成分和结构会遭到破坏，进而引起岩石物理力学性能的变化。图 3-5(a)

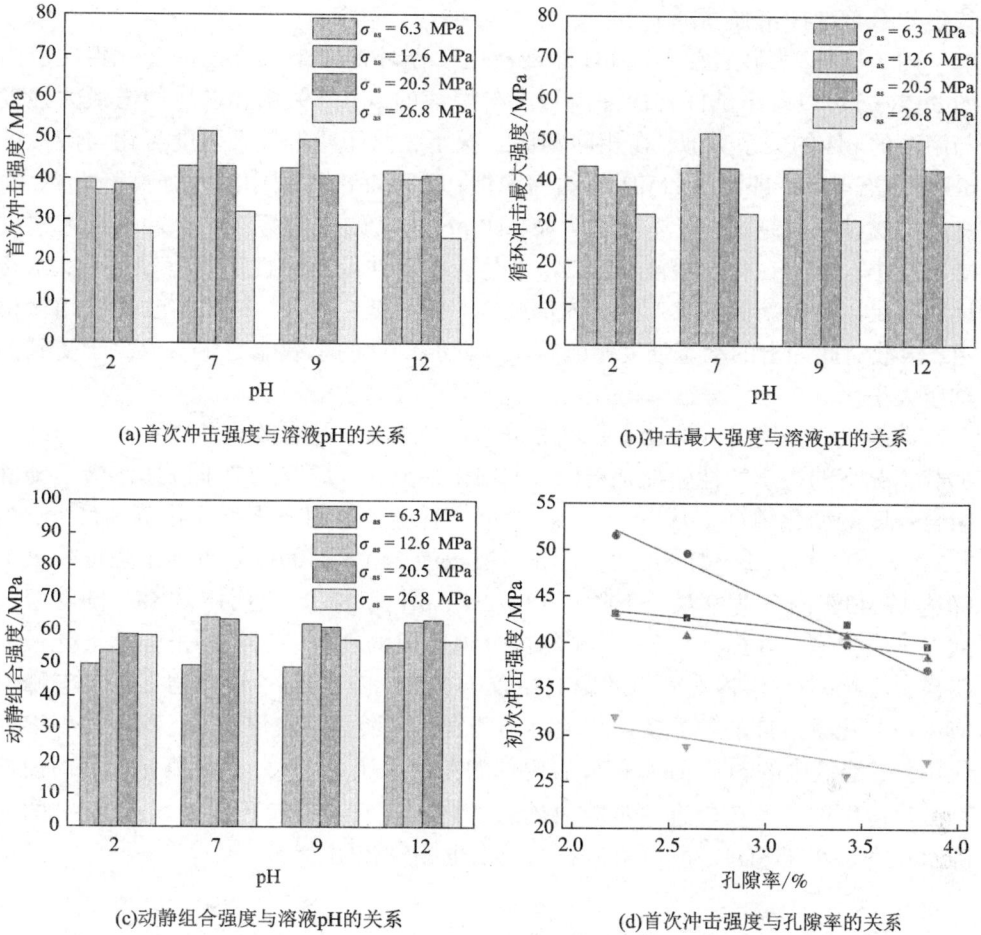

(a)首次冲击强度与溶液pH的关系

(b)冲击最大强度与溶液pH的关系

(c)动静组合强度与溶液pH的关系

(d)首次冲击强度与孔隙率的关系

**图 3-5　不同 pH 溶液浸泡下砂岩冲击强度的变化情况**

为砂岩在不同 pH 溶液浸泡下首次冲击强度的变化情况。由图 3-5 可知, 岩石的强度对 pH 为 2、12 的溶液极为敏感, 明显低于 pH 为 7 的中性溶液。岩石经化学浸泡后的首次冲击强度与自然状态下相比均有所下降。其中在轴压为 12.6 MPa 工况下, 试件首次冲击强度下降尤为明显, pH 为 2 的强酸溶液下降最大, 降低了27.93%, 其次是 pH 为 12 的强碱溶液降低了 22.67%; 在轴压为 6.3 MPa 工况下, pH 为 7 的中性溶液下降最小, 降低了 8.07%。分析认为, 在相同轴压工况下, 岩石首次冲击强度变化情况主要是由溶液对试件孔隙率劣化引起的。从图 3-5(d) 可以发现, 无论何种轴压情况, 岩石首次冲击强度均与试件孔隙率呈线性关系。由此表明, 化学溶液对岩石的溶蚀反应破坏了试件内部的颗粒连接方式，内部的孔隙遭到改变，组织结构变得薄弱松散，抵抗外部冲击的能力减弱，致使岩石首次冲击强度降低。

图 3-5(b) 为砂岩在不同 pH 溶液浸泡下循环冲击最大强度的变化情况。由图 3-5(b) 可以看出试件首次冲击强度与溶液的 pH 的关系和循环冲击最大强度与溶液的 pH 的关系类似，在相同轴压工况下，循环冲击最大强度劣化与溶液的 pH 呈正态分布，即溶液的 pH 越偏离中性，循环冲击过程中最大强度降低越大，受到的腐蚀效应越强，破坏也越明显；而 pH 为 7 的中性溶液循环冲击最大强度影响最小。砂岩在化学溶液浸泡 240 d 后，可溶性或难溶性矿物溶蚀殆尽，水化反应不足以激发新的破坏产生，内部孔隙、微裂缝、成分、结构的改变已相对稳定，溶液对此冲击的动态强度影响较小。此时试件的承载能力主要取决于受到的轴压大小。

动静组合强度是砂岩动态强度和静态轴压之和，是有效表征岩石在动静组合加载工况下的力学特性的综合指标[364]。图 3-5(c) 为砂岩在不同 pH 溶液下动静组合强度的变化情况。从图 3-5(c) 中可以看出动静组合强度变化范围最大，为 7.54%~19.21%，经 pH 为 2 的 NaCl 溶液浸泡 240 d 后的砂岩抗冲击强度最大下降达 17.43%，pH 为 9 最大下降了 13.72%，pH 为 12 下降了 15.38%。随着溶液酸碱度的提高，由石英、长石等矿物成分组合成的复合砂岩抗冲击强度下降最为明显，且 $Na_2SO_4$ 溶液对砂岩的影响相较于 NaCl 溶液更强。说明岩石的动态峰值应力还与化学溶液的种类密切相关。当砂岩在硫酸盐溶液浸泡时，除了发生溶蚀作用外，溶液中的 $SO_4^{2-}$ 还会使砂岩内部的孔隙水压力增大，破坏其结构从而使得部分反应区的化学反应进一步向白砂岩的内部进行，引起开裂破坏，而 $Cl^-$ 的孔隙水压力远小于 $SO_4^{2-}$，所以对岩石的损伤也相对较弱[365]。

## 3.3 边坡岩石结构损伤研究

### 3.3.1 循环冲击载荷和化学腐蚀耦合作用下岩石宏观破坏特征

试件的破坏形态可以直观地反映出砂岩在循环冲击载荷作用下的损伤，对岩石冲击加载下的受力状态分析具有重要意义。试件破坏形态主要受到静态轴向载荷和动态冲击载荷组合加载形式造成的破坏，静态轴向载荷、动态冲击载荷及循环冲击次数都是试件破坏方式和程度的重要影响因素[141]。图 3-6 为砂岩冲击破坏形态图。从图 3-6 可以看出，轴压的大小对试件破坏形态和破碎程度有较大影响。就本书 4 种轴压而言，小粒径范围的数量随轴压的增加呈现增多的趋势。当轴压为 6.3 MPa 时，岩石中部破坏严重，两端破坏程度小，破坏体呈"X"共轭状，破坏曲面粗糙，有明显摩擦痕迹，主体仍可以继续承受载荷。这主要是由于试件受到的轴压较小，端部效应明显，试件与弹性杆的接触面存在界面摩擦，从而约束两端横向微裂缝的充分发育，中部因横向约束小，裂纹能够充分发育，当试件横向极限拉应变和斜向抗剪强度不足时，试件两端沿圆环内斜切发生"X"共轭双曲线型破坏，破坏主要为张剪破坏。当轴压大于 20.5 MPa 时，"X"共轭体会继续沿 45°左右斜截面剪切成两个锥体，破坏主要是由斜截面抗剪切力不足引起的。

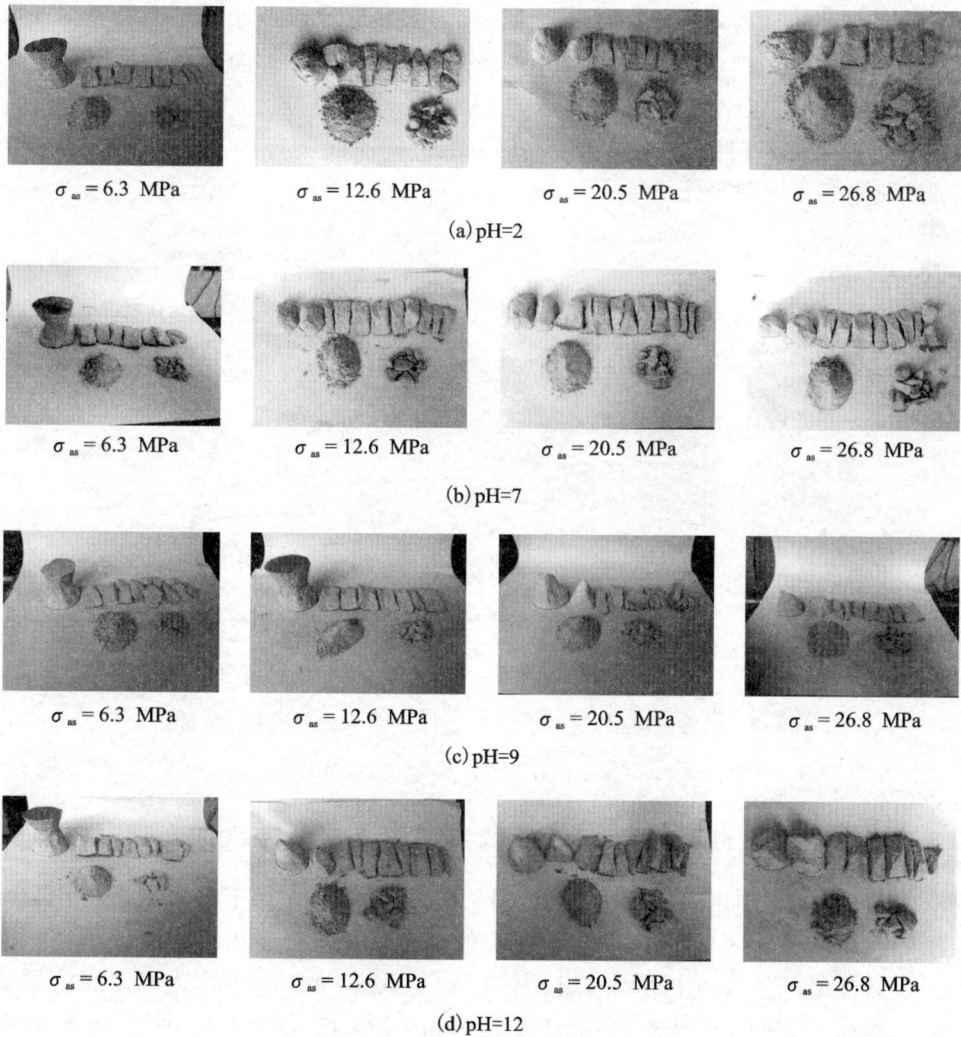

$\sigma_{as} = 6.3$ MPa　　$\sigma_{as} = 12.6$ MPa　　$\sigma_{as} = 20.5$ MPa　　$\sigma_{as} = 26.8$ MPa

(a) pH=2

$\sigma_{as} = 6.3$ MPa　　$\sigma_{as} = 12.6$ MPa　　$\sigma_{as} = 20.5$ MPa　　$\sigma_{as} = 26.8$ MPa

(b) pH=7

$\sigma_{as} = 6.3$ MPa　　$\sigma_{as} = 12.6$ MPa　　$\sigma_{as} = 20.5$ MPa　　$\sigma_{as} = 26.8$ MPa

(c) pH=9

$\sigma_{as} = 6.3$ MPa　　$\sigma_{as} = 12.6$ MPa　　$\sigma_{as} = 20.5$ MPa　　$\sigma_{as} = 26.8$ MPa

(d) pH=12

图 3-6　浸泡 NaCl 溶液试件冲击破坏形态

循环冲击加载的破坏主体形态分为两种，如图 3-7 所示，分别为双断锥状态和"X"共轭状态。双断锥状态是指试件在循环冲击加载后分离为两个锥体且不能继续承受载荷，如图 3-7(a)所示。造成这种现象的原因是较高的轴压或同向载荷的多次冲击引起斜截面抗剪切力不足导致的破坏。根据压杆的斜截面切应力理论[366]，当截面与试件端面呈 45°时，斜截面总应力与横向约束力构成的切应力达到最大，试件发生剪切破坏。然而实际剪切面的角度会受到岩石非均匀性和裂纹方向随机性的影响。"X"共轭状主体仍可以继续承受冲击加载，如图 3-7(c)所示。试件中部破坏严重，两端破损程度小，剪切面粗糙，有明显摩擦痕迹，主要是受到的轴压作用强化了试件与杆件接触面的端部效应，界面摩擦约束试件两端横向微裂缝发育，中部因横向约束小，裂纹能够充分发育，破坏程度大。当试件横向极限拉应变与斜向抗剪强度不足时，沿试件底面圆环内斜切成"X"共轭状态，破坏主要为拉剪破坏。

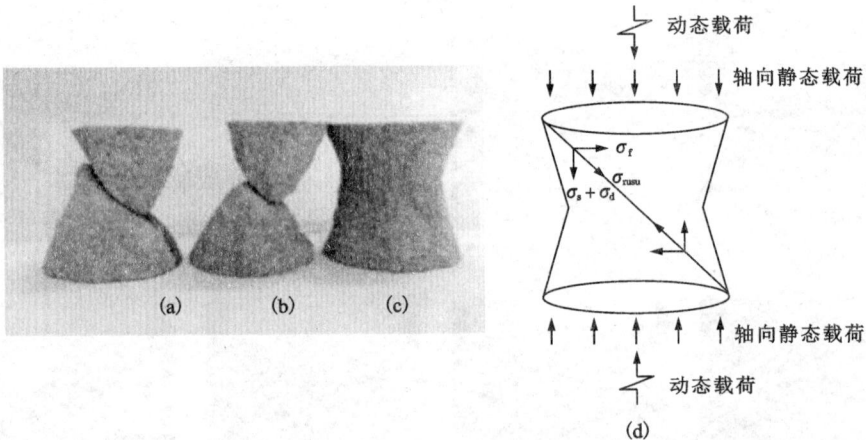

图 3-7 试件破坏模式[(a)、(b)、(c)]及受力状况(d)示意图

## 3.3.2 循环冲击载荷和化学腐蚀耦合作用下岩石微观损伤特征

针对循环冲击加载后破碎的岩样，研究多因素耦合作用下砂岩微观损伤和裂纹拓展机制。图 3-8 显示了不同溶液浸泡砂岩冲击纵断面和破裂断口典型扫描电子显微镜图像。从图中可以看出，图 3-8(a)、图 3-8(c)试样表面微观不平整且较为粗糙，呈现凹凸起伏，伴有小孔孔洞和裂隙；图 3-8(b)、图 3-8(d)破坏断口试样表面起伏小，片状结构附近伴有小孔及裂隙，这是由于冲击载荷作用下"X"状共轭剪切面存在界面摩擦，断面粗糙度得到改善，而试件纵断面无界面摩擦效应，表面结构粗糙；图 3-8(e)、图 3-8(g)纵断面试样微观结构毛糙，颗粒

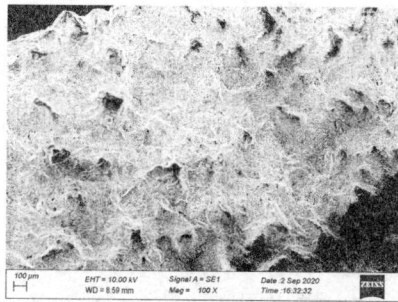

(a) NaCl浸泡纵断面

(b) NaCl浸泡冲击断口面

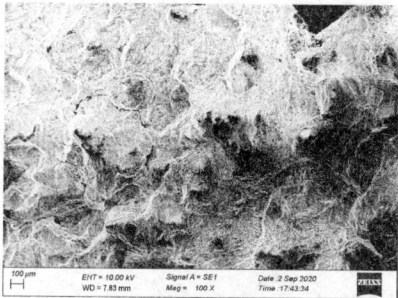

(c) Na₂SO₄浸泡纵断面

(d) Na₂SO₄浸泡冲击断口面

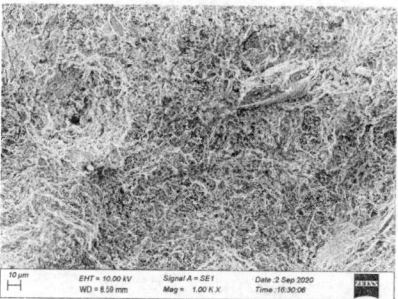

(e) NaCl浸泡纵断面

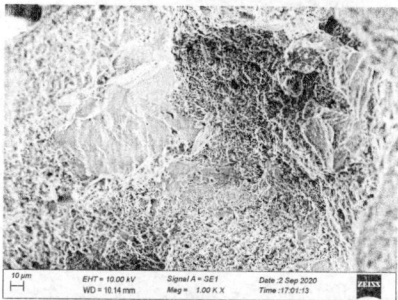

(f) NaCl浸泡冲击断口面

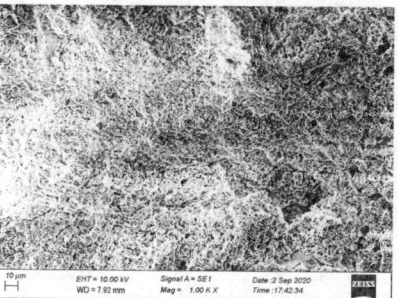

(g) Na₂SO₄浸泡纵断面

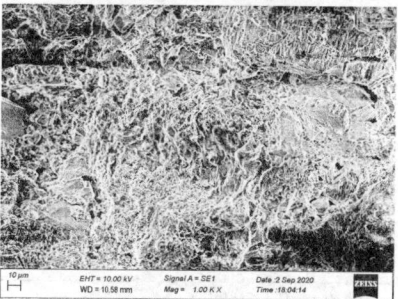

(h) Na₂SO₄浸泡冲击断口面

[注：(a)~(d)为 100 倍，(e)~(f)为 1000 倍]

图 3-8　不同溶液浸泡砂岩冲击扫描电子显微镜图像

分散且杂乱,显示了砂岩本身的非均质性和内部矿物晶格缺陷;图 3-8(f)、图 3-8(h)试样整体结构面破碎,岩质错乱但局部光滑,表明了破裂断口发生剪切破坏的高强抗剪切力受到岩石矿物组成的影响。岩石在高能量冲击释放下裂隙沿着薄弱处发生不规则发育、拓展,节理存在着多次冲击破坏。

化学溶液的种类对岩石微观结构损伤也存在着密切相关[367]。比较图 3-8(a)、图 3-8(b)与图 3-8(c)、图 3-8(d),图 3-8(e)、图 3-8(f)与图 3-8(g)、图 3-8(h)微观结构可以发现,$Na_2SO_4$ 溶液对试件微观腐蚀损伤程度比 NaCl 溶液更大,主要表现在:图 3-8(a)、图 3-8(b)岩样比图 3-8(c)、图 3-8(d)表面更毛糙且整体性更好,放大 100 倍的图 3-8(c)、图 3-8(d)试件表面可以明显看出片状结构附近多裂隙。试件经 $Na_2SO_4$ 溶液浸泡后,除了水力溶蚀砂岩可溶性成分外,溶液中的 $SO_4^{2-}$ 还会使试件内部孔隙水压力增大,岩质颗粒发生变形位移,其结构受到破坏从而促使部分反应区的化学反应进一步向白砂岩的内部进行,引起开裂破坏,而溶液中的 $Cl^-$ 孔隙水化学效应小,破坏程度小。

### 3.3.3  在冲击载荷作用下岩石碎块分形特征

根据分级筛孔径梯度将砂岩碎块分为 0~0.08 mm、0.08~0.16 mm、0.16~0.315 mm、0.315~0.63 mm、0.63~1.25 mm、1.25~2.5 mm、2.5~5 mm、5~10 mm、10~16 mm、16~20 mm 等 10 个等级。图 3-9 为砂岩在不同冲击加载速率下碎块筛分累计质量百分比。从图 3-9 可以看出,冲击加载速率对砂岩破碎块度分布有着重要影响。冲击加载速率在 10 m/s 和 12 m/s 时,砂岩碎块在小粒径范围质量占比较低,主要分布在较大粒径范围内。碎块在小粒径范围的质量占比随加载速率的增加逐渐增多。说明当加载速率增加时,岩石在冲击压缩下结构密实,强化

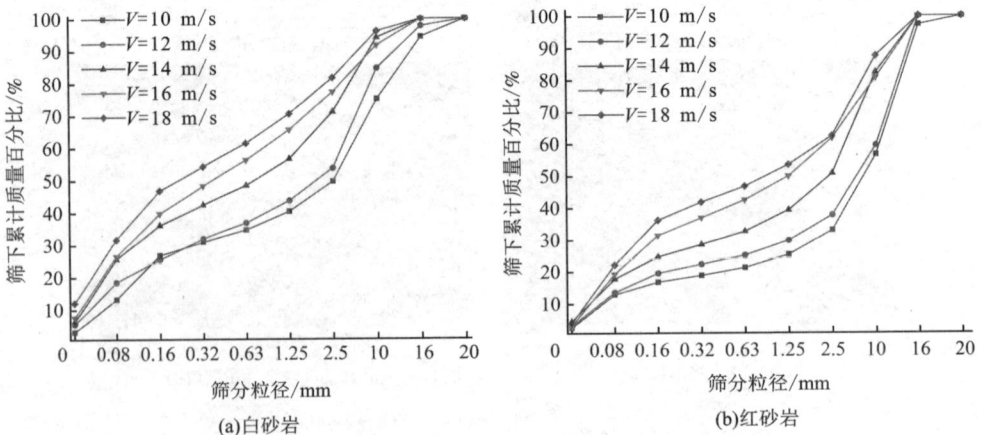

(a)白砂岩    (b)红砂岩

图 3-9  不同冲击加载速率下砂岩碎块筛分累计质量百分比

了岩石的整体性，碎块大粒径范围质量占比较高；当加载速率增加到一定程度后，岩石在高能量冲击下过度挤压内部产生损伤，砂岩的整体性下降更易产生破坏。碎块小粒径范围质量占比增加，大粒径碎块范围质量占比减少。

为了较好地表征冲击加载速率对试件冲击破碎程度的影响，采用式（3-11）计算岩样平均破碎块度 $\bar{d}$ 来定量表征试件冲击破碎程度[368]。

$$\bar{d} = \frac{\sum d_i M_i}{M}\tag{3-11}$$

式中：$d_i$ 为相邻两梯度标准筛筛孔的平均值，mm；$M_i$ 为对应 $d_i$ 尺寸标准筛中的碎块质量，g；$M$ 为碎块总质量，g。

表 3-2 为砂岩在不同加载速率下的平均破碎块度。根据祝文化[369]、侯文光[370]、杨戬[371] 等人对花岗岩、砂岩、石灰岩、石英、云母岩等岩石材料的研究，采用二次函数对两种砂岩在不同冲击速率下的平均破碎块度进行曲线拟合，如图 3-10 所示。根据拟合结果可知，拟合函数的 $R$ 均大于 0.9，拟合程度较好，砂岩的平均破碎块度与冲击加载速率呈现良好的二次函数关系。同时，在相同冲击加载速率下，红砂岩的平均破碎块度均大于白砂岩。砂岩平均破碎块度随加载速率的增加呈非线性减小，当加载速率从 10 m/s 增加到 18 m/s 时，红砂岩的平均破碎块度从 5.95 mm 降低到 2.89 mm，白砂岩的平均破碎块度从 4.46 mm 降低到 1.61 mm，红砂岩平均破碎块度减小了 51.43%，白砂岩平均破碎块度减小了 63.90%，均超过 50%。因此，加载速率对试件冲击破碎程度有着重要影响。但两种砂岩，拟合公式中的常数项较为接近，说明岩石冲击破碎的平均破碎块度随加载速率的变化趋势受砂岩种类的影响较小。

表 3-2　试样平均破碎块度

| 冲击速率/(m·s$^{-1}$) | 白砂岩/mm | 红砂岩/mm |
|---|---|---|
| 10 | 4.45935 | 5.95410 |
| 12 | 3.61891 | 5.42948 |
| 14 | 2.29149 | 3.76744 |
| 16 | 2.06185 | 3.34313 |
| 18 | 1.61456 | 2.88873 |

砂岩冲击破坏后的碎块具有良好的分形结构，基于 Mandelbrot 等学者提出的 Weibull 统计分形理论[372]，利用质量-频率尺度关系得到碎块的分布方程：

$$\frac{M(x)}{M_T} = \left(\frac{x}{x_m}\right)^{3-D}\tag{3-12}$$

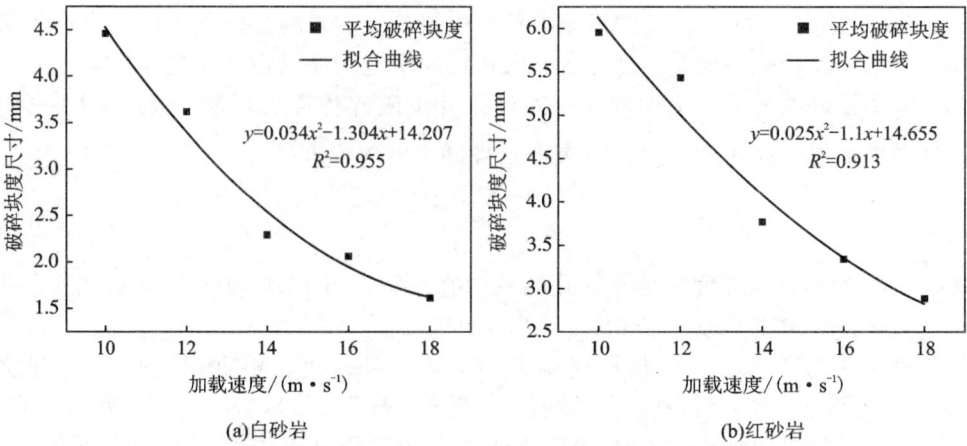

图 3-10  不同冲击速率下砂岩的平均破碎块度

式中：$M(x)$，$M_T$ 分别为直径小于 $x$ 的筛下累计质量和碎块的总质量，g；$x$、$x_m$ 分别为颗粒的粒度和最大粒度，mm；$D$ 为碎块分布的分形维数。

对式(3-12)两边同时取对数可得：

$$\ln[M(x)/M_T] = (3-D)\ln(x/x_m) \qquad (3-13)$$

图 3-11 即为两种砂岩冲击碎块的 $\ln[M(x)/M_T]$-$\ln(x/x_m)$ 双对数坐标分布，可以看出点位具有良好的拉申-拉莫勒（Rosin-Ramnlar）函数分布，对散点进行最小二乘法线性拟合，拟合直线的斜率对应式(3-13)中的(3-$D$)。拟合直线相

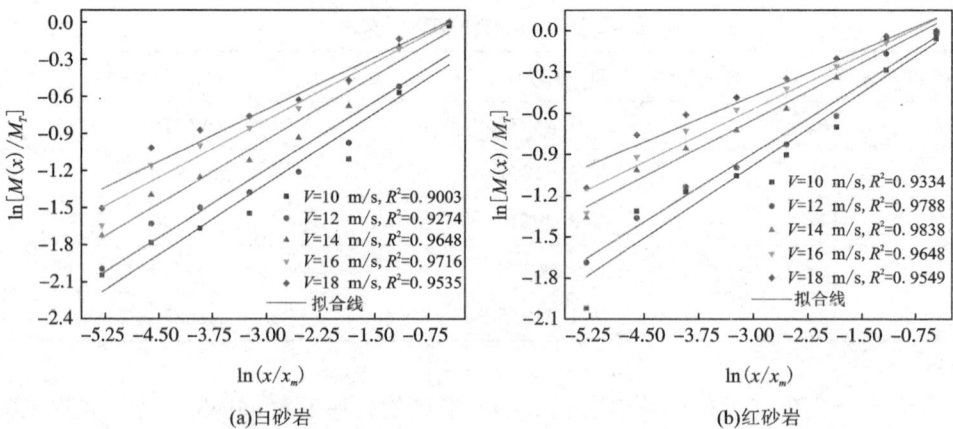

图 3-11  砂岩不同冲击速率下的平均破碎块度

关系数 $R$ 及分形维数 $D$ 如表 3-3 所示，拟合相关系数 $R$ 均较高，说明砂岩在冲击载荷作用下的碎块分布有很好的统计自相似性特征，符合分形规律。同时，分形维数 $D$ 越大则表明岩样碎块数目越多，尺寸越细，破碎程度越高。

表 3-3　冲击载荷作用下砂岩破碎块度参数统计

| 编　号 | w-21 | w-22 | w-23 | w-24 | h-66 | h-67 | h-68 | h-69 |
|---|---|---|---|---|---|---|---|---|
| 分形维数 $D$ | 0.657 | 0.366 | 0.422 | 0.511 | 0.603 | 0.342 | 0.469 | 0.513 |
| 相关系数 $R$ | 0.895 | 0.910 | 0.941 | 0.897 | 0.795 | 0.908 | 0.905 | 0.917 |

　　两种砂岩的碎块的分形维数 $D$ 与动态抗压强度的关系如图 3-12 所示。从图中可以看出，分形维数 $D$ 随着动态抗压强度的增大而增大，表现出良好的线性正相关，与静态条件下分形维数与岩石强度关系相反[373]。白砂岩的动态抗压强度从 48.99 MPa 增加到 77.19 MPa，冲击碎块的分形维数 $D$ 相应增长率达 4.2%；红砂岩的动态抗压强度从 70.84 MPa 增加到 87.53 MPa，冲击碎块的分形维数 $D$ 增长率达 6.1%。采用最小二乘法进行线性拟合得到白砂岩的相关系数为 0.0032，红砂岩的相关系数为 0.0086，红砂岩比白砂岩高出 168%，常数部分较为接近。分形维数作为描述岩石破碎特性的重要指标，对比两种砂岩拟合相关系数，可以看出红砂岩在冲击过程中破碎程度的变化随动态抗压强度增长比白砂岩明显，这一结果也有效验证了动态抗压强度是衡量动力破碎过程中岩石破碎难易程度的综合抗力指标。

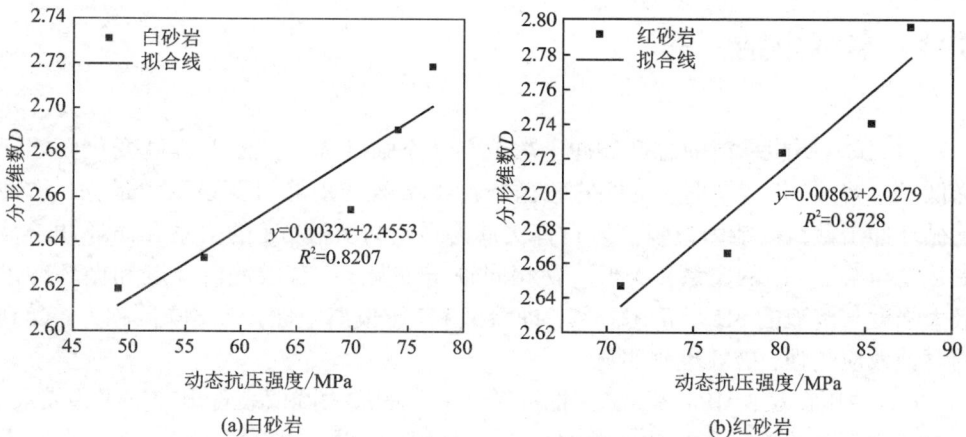

(a)白砂岩　　　　(b)红砂岩

图 3-12　分形维数 $D$ 与动态抗压强度的关系

图 3-13 为砂岩碎块分形维数 $D$ 与平均破碎块度的关系。从图中可以看出，分形维数 $D$ 与砂岩的平均破碎块度呈线性负相关，即碎块的分形维数 $D$ 随平均破碎块度的增加却逐渐减小。图 3-14 为两种砂岩的分形维数与冲击速率的关系。从图中可以看出，砂岩碎块的分形维数 $D$ 随着冲击加载速率的增加而呈线性上升趋势，当冲击速率为 10 m/s 时，白砂岩和红砂岩碎块的分形维数分别为 2.61、2.64，当冲击速率达到 18 m/s 时，对应的分形维数分别增加到 2.72、2.80。结合砂岩宏观破坏程度可以发现，冲击速率越大，冲击碎块分形维数越大，块度颗粒越均匀且平均尺寸越小，破碎效果越好。

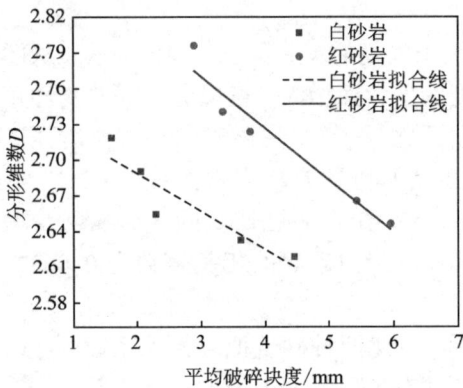

图 3-13　分形维数 $D$ 与平均破碎块度关系

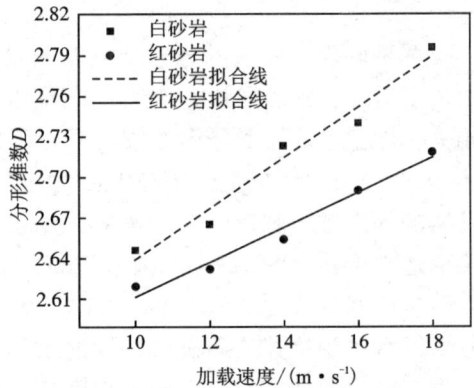

图 3-14　分形维数与冲击速率关系

## 3.4　本章小结

（1）试件所能承载的总循环冲击次数和动态强度随溶液酸碱程度变化而逐渐降低。当溶液 pH 为 7 时，试件的总循环冲击次数和动静组合强度都最大，试件抗循环冲击载荷的能力最强。岩石首次冲击强度与溶液 pH 的关系和循环冲击最大强度与溶液 pH 的关系相类似。在相同轴压工况下，首次冲击强度和循环冲击最大强度与溶液的 pH 呈正态分布，即溶液 pH 越偏离中性，强度降低越大，受到的腐蚀效应越强，破坏也越明显。

（2）轴压在 6.3 MPa 下，试件抵抗循环冲击的应力峰值表现出前期平稳发展、后期急剧下降的趋势。与其他轴向压力工况相比，轴压在 12.6 MPa 下动态应力峰值最大；轴压在 26.8 MPa 下的试件循环冲击次数少，且试件的动态应力峰值较小。

（3）循环冲击加载的破坏形态分"X"共轭和双断锥两种状态。"X"共轭状中部破坏严重，两端破损程度小，由于中部横向约束小于端部，破坏沿圆环底面内斜切成"X"共轭状，主要为拉剪破坏。双断锥状态是由于斜截面抗剪切力不足导致的破坏。

（4）岩石循环冲击加载内侧破裂断口表面较平整，片状结构附近伴有小孔及裂隙，主要是冲击加载剪切面存在界面摩擦，断面粗糙度得到改善；冲击纵断面不平整，较为粗糙，主要是受到化学腐蚀引起矿物溶蚀反应造成的。

（5）砂岩在冲击载荷作用下的碎块块度分布符合分形规律。砂岩的破碎程度随着冲击加载速率的增大而提高。随着冲击加载速率的提高，砂岩的破碎分形维数线性增大，碎块平均尺寸线性减小。

# 第4章 基于改进算法的矿山边坡工程可靠度分析

## 4.1 概述

我国露天开采矿山的边坡工程规模大，边坡工程稳定性受节理裂隙、开采强度、设计边坡角、地下水、地面降雨等诸多因素影响，边坡变形与破坏表现出复杂的形式，使分析结果与工程实际存在较大的差异[374]。在边坡工程稳定性研究中，通常认为安全系数大于某一数值，边坡工程安全；安全系数小于某一数值，边坡工程将产生失稳。由于安全系数法使用方便，故应用时间较长，应用范围也比较广。但长时间实践证明，安全系数法具有局限性[375]，表现在：①安全系数根据经验确定，工程设计非常粗糙；②安全系数法存在一些固有缺陷，如强度均值相同、方差不同的岩石材料，计算得出的安全系数一样，但得到的安全度肯定不同；③工程实践表明，增大安全系数，工程的安全度不一定能按比例提高。工程结构所受的载荷通常是动载荷，构件尺寸、材料性能在工程每一处并不是完全相同的，而安全系数法设计把这些不确定量用一个笼统的安全系数掩盖起来[376]。为此，本书根据可靠性理论，应用混沌理论的 Logistic 迭代方程，提出了一种新的边坡岩体可靠度计算方法，并应用于德兴铜矿露天开采边坡工程稳定性分析，为矿山安全生产提供了理论依据。

## 4.2 边坡工程可靠度改进计算方法

### 4.2.1 可靠性定义

早期多采用容许应力法设计工程。容许应力法以构件截面应力不高于材料容许应力为原则,它要求构件在载荷作用下,结构中任意截面所受的应力不能超过材料容许应力[269]。

容许应力法在工程设计中有一定局限性,因而人们研究出了破损阶段设计法。破损阶段法与容许应力法相比,其主要区别在于破损阶段法考虑了材料塑性特征,研究了构件处于塑性状态时的承载能力。

进行工程设计时,为了防止因材料缺点、工作偏差、外力突增等因素所引起的不良影响,工程受力部分实际上能够担负的力必须大于其容许担负的力,二者之比叫做安全系数。传统的安全系数法设计,将构件尺寸、材料性能、荷载等作为确定单值量,其应用存在一定的局限性,于是人们提出了工程结构可靠度分析法[376]。

在进行房屋、桥梁、隧道、边坡等工程设计时,应在经济合理的条件下,满足下述要求[377]。

(1)安全性。在正常施工和正常使用期间,能承受各种作用(包括载荷及外加变形或约束变形);在偶然事件发生时或发生后,能保证必要的整体稳定性。

(2)适用性。建设或设计的工程在正常使用时具有良好的性能。

(3)耐久性。建设或设计的工程在正常使用时具有足够的耐久性。

工程结构可靠性是其安全性、适用性和耐久性的总称,用可靠度来表示。工程结构可靠度是其可靠性的数量描述,工程结构安全度是其安全性的数量描述,工程结构可靠度与安全度相比,前者更能反映出工程结构可靠程度。

可靠度是从概率的角度对可靠性的定量描述。可靠度设计通常采用如下方法进行分析[377]。

(1)半经验半概率法。在结构可靠度分析中,对某些无法进行精确统计分析的参数,往往采用经验法或经验类比法,根据经验系数分析结构可靠度。半经验半概率法目前尚不能得出结构可靠度的定量值。

(2)近似概率法。可靠度计算以概率论为基础,通常难以用概率论方法对结构可靠度进行精确计算,因此可用近似的方法进行计算,如一次二阶矩法、JC 法等,近似概率法是目前可靠度计算最常用的方法。

(3)全概率法。全概率法完全基于概率论进行可靠度精确分析,但这种方法计算过程非常复杂,很少直接使用。

## 4.2.2　可靠度计算方法

工程可靠性通常受各种荷载、介质强度、几何尺寸、计算公式准确性等因素的影响,这些因素均具有随机不确定性,因此称影响工程可靠度的随机因素为基本变量。设 $X_1$, $X_2$, $\cdots$, $X_n$ 为基本变量,功能函数为[378]

$$Z = g(X_1, X_2, X_3, \cdots, X_n) \tag{4-1}$$

工程结构可靠性有三种状态。

(1)工程结构可靠状态。

工程结构满足其功能要求，此时功能函数为：

$$Z = g(X_1, X_2, X_3, \cdots, X_n) > 0 \qquad (4-2)$$

(2)工程结构失稳状态。

工程结构不能满足其功能要求，此时其功能函数为：

$$Z = g(X_1, X_2, X_3, \cdots, X_n) < 0 \qquad (4-3)$$

(3)工程结构极限状态。

工程结构介于可靠与失稳之间，即为工程结构极限状态，此时其功能函数为：

$$Z = g(X_1, X_2, X_3, \cdots, X_n) = 0 \qquad (4-4)$$

假设工程结构功能函数为：$Z = g(X_1, X_2, X_3, \cdots, X_n)$，$X_1, X_2, \cdots, X_n$ 表示影响工程结构的随机变量，$Z$ 函数也为随机变量，则工程结构可靠度 $P_s$ 表示为：

$$P_s = P(Z > 0) = \int_0^{+\infty} f(Z)\,\mathrm{d}z \qquad (4-5)$$

可靠度与破坏概率关系如图 4-1 所示。

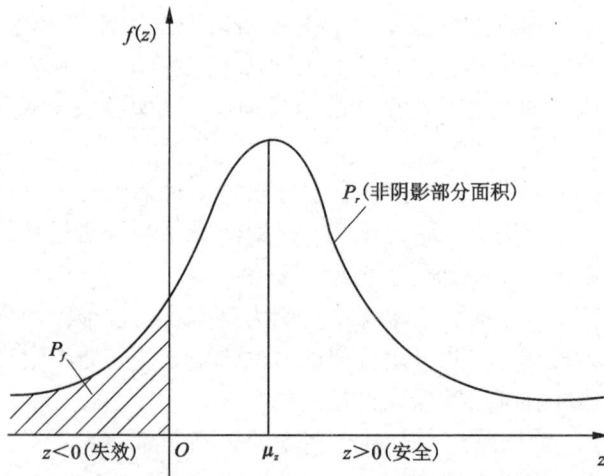

图 4-1  可靠度与破坏概率

无论功能函数是线性的还是非线性的，理论上均可求得结构失效概率 $P_f$ 或可靠度 $P_s$。这必须要求在功能函数中的随机变量均为独立变量，且关于各随机变量的概率分布密度函数可以获得的前提下用精确表达式计算可靠度才可能。但在实际工程中，这些要求常常难以满足，通常计算结构可靠度的方法是近似法，常用的近似法有一次可靠度分析法、统计矩法、蒙特卡洛法等[379]。

### 4.2.2.1　一次可靠度分析法

一次可靠度分析法(first order reliability method)计算可靠度思路为：先将功能函数 $Z=g(X_1, X_2, X_3, \cdots, X_n)$ 变换成 Taylor 级数，去掉高次项，而后用随机变量 $X=(X_1, X_2, X_3, \cdots, X_n)$ 的一阶矩、二阶矩求功能函数 $Z$ 标准差 $\sigma_z$ 和均值 $\mu_z$，用 $\beta=\sigma_z/\mu_z$ 计算结构可靠度[379]。

根据不同的随机变量分布类型和不同的工程结构功能函数，一次可靠度分析法可分为：均值一次二阶矩法(又称为中心点法)、改进一次二阶矩法(又称为验算点法)和 JC 法。

1)均值一次二阶矩法(中心点法)

将功能函数在 $X_i(i=1, 2, 3, \cdots, n)$ 的均值点 $\mu_{X_i}(i=1, 2, 3, \cdots, n)$ 展开 Taylor 级数，仅保留线性项，有

$$Z \approx g(\mu_{X_1}, \mu_{X_2}, \mu_{X_3}, \cdots, \mu_{X_n}) + \sum_{i=1}^{n} \frac{\partial g}{\partial X_i}\big|_{\mu_X}(X_i - \mu_{X_i}) \tag{4-6}$$

因此，$Z$ 的均值、方差为

$$\begin{cases} \mu_Z = g(\mu_{X_1}, \mu_{X_2}, \mu_{X_3}, \cdots, \mu_{X_n}) \\ \sigma_Z = \left[ \sum_{i=1}^{n} \left( \frac{\partial g}{\partial X_i}\big|_{\mu_X} \sigma_{X_i} \right)^2 \right]^{\frac{1}{2}} \end{cases} \tag{4-7}$$

可靠性指标为

$$\beta = \frac{\mu_Z}{\sigma_Z} = \frac{g(\mu_{X_1}, \mu_{X_2}, \mu_{X_3}, \cdots, \mu_{X_n})}{\left[ \sum_{i=1}^{n} \left( \frac{\partial g}{\partial X_i}\big|_{\mu_X} \sigma_{X_i} \right)^2 \right]^{\frac{1}{2}}} \tag{4-8}$$

其计算步骤为：

步骤 1，根据式(4-7)，用各随机变量的均值代入功能函数，得出功能函数的均值 $\mu_Z$；

步骤 2，根据式(4-7)求功能函数的标准差 $\sigma_Z$；

步骤 3，用式(4-8)求 $\beta$。

均值一次二阶矩法计算方法简单，但使用过程中存在一些缺陷，表现在：对同条件的同一结构工程，如果用不同的功能函数来分析，将得出不同可靠度 $\beta$；另一方面均值一次二阶矩法用随机变量均值进行计算，将功能函数简单线性处理，求得的可靠度指标 $\beta$ 值可能产生较大误差。

2)改进一次二阶矩法

当极限状态方程包含多个相互独立正态随机变量 $X=(X_1, X_2, X_3, \cdots, X_n)$

时，假设方程：$Z = g(X_1, X_2, X_3, \cdots, X_n) = 0$，则此超曲面 $Z = 0$ 上距离中心点 $M = (\mu_{X_1}, \mu_{X_2} \cdots \mu_{X_n})$ 最近点 $P^* = (x_1^*, x_2^*, \cdots, x_n^*)$ 为设计验算点。随机变量 $x_i^*$ $(i = 1, 2, \cdots, n)$ 应当满足极限状态方程：

$$Z = g(x_1^*, x_2^*, x_3^*, \cdots, x_n^*) = 0 \tag{4-9}$$

将功能函数在验算点 $P^*$ 处泰勒展开（忽略二次及以上项），有

$$Z \approx Z^* = g(x_1^*, x_2^*, x_3^*, \cdots, x_n^*) + \sum_{i=1}^{n} \frac{\partial g(X_1^*, X_2^*, \cdots, X_n^*)}{\partial X_i}(x_i - x_i^*) \tag{4-10}$$

令

$$\frac{\partial g(X_1^*, X_2^*, \cdots, X_n^*)}{\partial X_i}(x_i - x_i^*) = g'(x_i^*) \tag{4-11}$$

则

$$\mu_{Z^*} = g(x_1^*, x_2^*, x_3^*, \cdots, x_n^*) + \sum_{i=1}^{n} g'(x_i^*)(\mu_{X_i} - x_i^*) \tag{4-12}$$

$$\sigma_{Z^*} = \left[ \sum_{i=1}^{n} \left[ g'(x_i^*) \sigma_{X_i} \right]^2 \right]^{\frac{1}{2}} \tag{4-13}$$

可靠性指标为

$$\beta = \frac{\mu_{Z^*}}{\sigma_{Z^*}} = \frac{g(x_1^*, x_2^*, x_3^*, \cdots, x_n^*) + \sum_{i=1}^{n} g'(x_i^*)(\mu_{X_i} - x_i^*)}{\left\{ \sum_{i=1}^{n} \left[ g'(x_i^*) \sigma_{X_i} \right]^2 \right\}^{\frac{1}{2}}} \tag{4-14}$$

均值一次二阶矩法取随机变量均值点来计算，将功能函数简单地线性处理，可能会带来计算误差。改进一次二阶矩法将功能函数线性化，点取在验算点上，提高了 $\beta$ 计算精度。

当随机变量为独立、正态分布变量时，可采用一次二阶矩法计算结构可靠度，如果极限状态方程包含非正态分布随机变量，不宜用一次二阶矩法计算，因此一次二阶矩法应用也存在一定的局限性[379]。

3）JC 法

JC 法适用于计算极限状态方程中含有非正态分布随机变量的情况，其思路为：将非正态分布随机变量进行当量正态化，而后采用一次二阶矩法求可靠度指标。

"当量化计算"条件：

（1）在验算点 $x_i^*$，非正态分布随机变量 $X_i$ 分布函数 $F_{X_i}(x_i^*)$ 和当量正态分布随机变量 $X_i'$ 分布函数 $F_{xi'}(x_i^*)$ 相等；

（2）在验算点 $x_i^*$，非正态分布随机变量 $X_i$ 概率密度函数和当量正态分布随

机变量 $X_i'$ 概率密度函数相等。

由以上两个条件,可得出当量正态分布随机变量的均值和标准差。

### 4.2.2.2　统计矩法

统计矩法的基本思路是:用随机变量均值和方差求得功能函数一阶矩、二阶矩和高阶矩,在功能函数假定的概率分布条件下,求出工程结构的可靠度指标。统计矩法应用比较方便,在随机变量概率分布不明、功能函数不能得出等情况下均可计算结构的可靠度指标[269]。

对于 $n$ 个基本随机变量的问题:

$$y = g(X_1, X_2, \cdots, X_n) \tag{4-15}$$

设随机变量为 $X_i(i=1, 2, \cdots, n)$,在其定义域上对称地选择 2 个点,一般取 $x_{i1} = \mu_{Xi} + \sigma_{Xi}$;$x_{i2} = \mu_{Xi} - \sigma_{Xi}$。如果功能函数含有 $n$ 个随机变量,在其定义域上对称选择 $2n$ 个点,将 $2n$ 个取值点代入功能函数,可得 $2n$ 个数值 $y_i$。

试验系数为:

$$P_i = (1 + e_1 e_2 \rho_{1,2} + e_2 e_3 \rho_{2,3} + \cdots + e_{n-1} e_n \rho_{n-1,n})/2 \tag{4-16}$$

式中:$e_i$ 的取值为 $\pm 1$,其符号根据试验点取 $+1$ 或 $-1$;$\rho_{i,j}$ 是变量 $X_i$ 与 $X_j$ 的相关系数。

均值为

$$\mu = E(y) \approx \sum_{i=1}^{2^n} P_i y_i \tag{4-17}$$

方差为

$$\sigma \approx \sum_{i=1}^{2^n} P_i y_i^2 - \mu^2 \tag{4-18}$$

可靠性指标为

$$\beta = \frac{\mu}{\sigma} = \frac{\sum\limits_{i=1}^{n} P_i y_i}{\left[\sum\limits_{i=1}^{2^n} P_i y_i^2 - \mu^2\right]^{1/2}} \tag{4-19}$$

### 4.2.2.3　蒙特卡洛法

蒙特卡洛法又称随机模拟法,或叫统计试验法[377]。

设功能函数 $Z = g(X_1, X_2, X_3, \cdots, X_n)$,其中:$X_i(i=1, 2, \cdots, n)$ 为具有任意分布的随机变量。对 $X_i$ 进行 $N$ 次抽样,得 $N$ 组 $X_i^j(i=1, 2, \cdots, N; j=1, 2, \cdots, N)$ 样本。将第 $j$ 组随机变量 $X_i^j(i=1, 2, \cdots, n)$ 用功能函数 $Z_j = g(X_1, X_2, \cdots, X_n)$ 进行计算,统计计算结果,设 $N$ 个 $Z_j$ 值中有 $N_f$ 个 $Z_j \leq 0$,则结构失效

的概率为：

$$P_f \approx \hat{P} = N_f / N \qquad (4-20)$$

当 $N \to \infty$ 时，根据伯努利大数定律，$P_f = N_f/N$。

与其他工程结构可靠度计算方法相比，蒙特卡洛法在两个方面应当加以改进：一是改进随机模拟的精度与效率；二是对于任意分布随机变量，改进随机抽样方法。

### 4.2.3 边坡工程可靠度改进算法

岩土工程结构可靠性分析的功能函数具有以下两个特征[271, 379]。

(1)功能函数对基本随机变量是非闭合的，即功能函数是隐式的。在这种情况下进行可靠性分析通常不能给出极限状态函数对基本随机变量的显式形式。

(2)功能函数高次非线性。引起非线性的 3 个原因为：响应量与基本变量的非线性关系；变量的非正态分布；变量的相关性。

处理这类隐式功能函数和高次非线性功能函数的可靠性问题，使用 JC 法等可靠性方法就会遇到一定的困难，为此本书研究了一种新的边坡岩体可靠度计算方法。

#### 4.2.3.1 可靠指标 $\beta$ 的几何意义

设 $Z = g(X_1, X_2, X_3, \cdots, X_n)$ 是线性函数，极限状态方程为：

$$Z = g(X_1, X_2, X_3, \cdots, X_n) = a_0 + \sum_{i=1}^{n} a_i X_i \qquad (4-21)$$

式中：$a_0$ 为常数，$a_i$ 为系数。

则 $Z$ 的均值、均方差为

$$\mu_Z = g(\mu_{X_1}, \mu_{X_2}, \mu_{X_3}, \cdots, \mu_{X_n}) = a_0 + \sum_{i=1}^{n} a_i \mu_{X_i} \qquad (4-22)$$

$$\sigma_Z = \left[ \sum_{i=1}^{n} \left( \frac{\partial g}{\partial X_i} \bigg|_{\mu_{X_i}} \sigma_{X_i} \right)^2 \right]^{1/2} = \left[ \sum_{i=1}^{n} (a_i \sigma_{X_i})^2 \right]^{1/2} \qquad (4-23)$$

将 $X_1, X_2, \cdots, X_n$ 作标准化变换：

$$U_i = \frac{X_i - \mu_{X_i}}{\sigma_{X_i}} \qquad (4-24)$$

$U_i$ 在 $\Omega$ 空间的均值为零，标准差为 1。有

$$X_i = \mu_{X_i} + U_i \sigma_{X_i} \qquad (4-25)$$

原结构极限状态方程在 $\Omega$ 空间极限状态方程为

$$Z = a_0 + \sum_{i=1}^{n} a_i \mu_{X_i} + \sum_{i=1}^{n} a_i \mu_{X_i} U_i = 0 \qquad (4-26)$$

该方程表示 $\Omega$ 空间中的一个超平面。

由解析几何知识可知，在 $\Omega$ 空间中坐标原点（即中心点 $M$）到此极限状态超平面的距离为[379]：

$$d = \frac{a_0 + \sum\limits_{i=1}^{n} a_i \mu_{X_i}}{\left[ \sum\limits_{i=1}^{n} (a_i \sigma_{X_i})^2 \right]^{1/2}} = \frac{\mu_X}{\sigma_X} = \beta \tag{4-27}$$

式(4-27)说明了 $\beta$ 的几何意义：在随机变量经标准化变换得到的 $\Omega$ 空间中，中心点 $O$ 到极限状态超平面的最小距离即为结构可靠度指标 $\beta$ 值（图4-2）。

当结构的功能函数为非线性函数时，可以得出相同的结论。中心点在可靠区内，它离开极限状态超平面越远，表明结果越可靠。

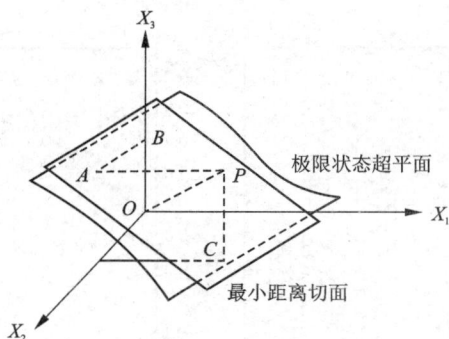

图 4-2　可靠指标 $\beta$ 的几何意义

由图4-2可看出，极限状态超平面上任意一点距 $O$ 点的距离有无限个，但最小距离是唯一的，要计算的可靠度指标 $\beta$ 即要求得其最小值。从理论上分析，只要存在极限状态超平面，就可得到可靠度指标 $\beta$ 值。

### 4.2.3.2　改进可靠度指标 $\beta$ 的计算方法

根据可靠度指标 $\beta$ 的几何意义，能否有一种方法在极限状态超平面上不停地找点 $P$，试验很多次，找到一个相对的最小 $OP$ 段作为可靠度指标 $\beta$。

为实现以上思路，采用 Logistic 迭代方程遍历(0, 1)区间的混沌特性，用来搜索极限状态超平面上距 $O$ 点的最小距离。

生物种群数量变化的 Logistic 迭代方程如下[380]：

$$x_{n+1} = u x_n (1 - x_n) \quad n = 0, 1, \cdots, N; \ x_0 \in [0, 1] \tag{4-28}$$

式中：$u$ 为系统的控制参量。

取不同 $u$ 值，Logistic 迭代方程将产生不同变化行为，如图 4-3 所示。

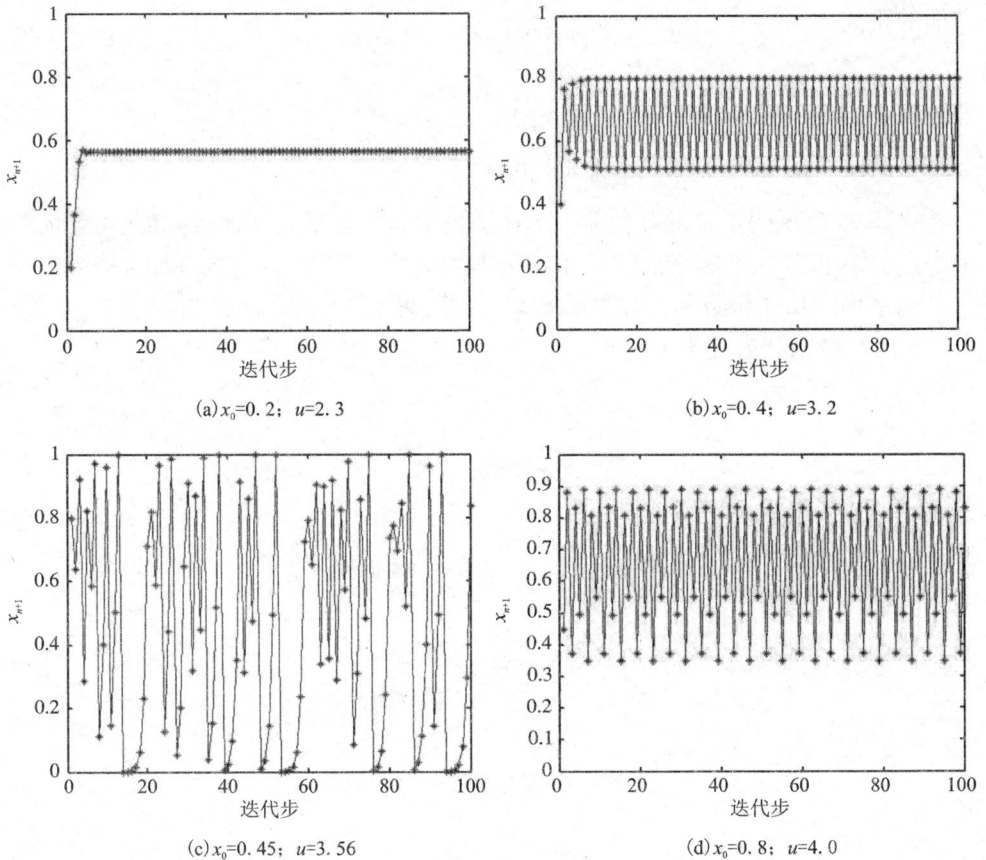

(a) $x_0$=0.2；$u$=2.3

(b) $x_0$=0.4；$u$=3.2

(c) $x_0$=0.45；$u$=3.56

(d) $x_0$=0.8；$u$=4.0

**图 4-3  Logistic 迭代方程演化特征**

在式（4-28）中，当 $u$=2.3、迭代前初始种群数量 $x_0$=0.2 时，经 $n$ 次迭代，即 $n$ 代后生物种群数量一直保持为 0.5652［图 4-3（a）］；当 $u$=3.2、迭代前初始生物种群数量 $x_0$=0.4 时，经 $n$ 次迭代后，$n$ 代生物种群数量将会发生跳跃性演化，在 0.5130 和 0.7995 之间变化［图 4-3（b）］；当 $u$=3.56、迭代前初始生物种群数量 $x_0$=0.45 时，经 $n$ 次迭代后，$n$ 代生物种群数量将会发生跳跃性演化，永远不会收敛［图 4-3（c）］，始终在 0.4945、0.8899、0.3488、0.8086、0.5509、0.8808、0.3738、0.8333 之间重复变化；当 $u$=4.0、迭代前初始生物种群数量 $x_0$=0.8 时，经 $n$ 次迭代后，生物种群数量发生具有随机性跳跃的演化，这就是生物种群数量的混沌现象［图 4-3（d）］。研究表明，当 $u$≥3.57 时，生物的群数量变化进入完全混沌状态[380]。

基于 Logistic 迭代方程改进可靠度指标 $\beta$ 的计算方法与步骤如下：

步骤 1：取初始值 $W_{min}$、迭代 $x_0$ 值（有 $m$ 随机变量，取 $m-1$ 个初始值）、搜索范围值和迭代次数 $N$ 值。通常取初始值 $W_{min}$ 为一较大的数，取 $m-1$ 个不同的（0，1）范围的迭代 $x_0$ 初始值；

步骤 2：设 $Z=g(X_1, X_2, X_3, \cdots, X_m)=0$，有 $m$ 个随机变量，将方程变为 $X_m=g(X_1, X_2, X_3, \cdots, X_{m-1})$，确保搜索在极限状态超平面上进行；

步骤 3：进行混沌迭代，$x_{n+1, i}=4x_{n, i}(1-x_{n, i})$，$i=1, 2, \cdots, (m-1)$；

步骤 4：将搜索值映射到搜索范围，$X_i=a_{1, i}+(a_{2, i}-a_{1, i})x_{n+1, i}$，$i=1, 2, \cdots,$ （$m-1$），其中 $a_{1, i}$，$a_{2, i}$ 分别为第 $i$ 个变量的搜索范围；

步骤 5：根据 $X_1, X_2, X_3, \cdots, X_{m-1}$ 值，计算 $X_m=g(X_1, X_2, X_3, \cdots, X_{m-1})$，得到极限状态超平面上的搜索点 $P(X_1, X_2, X_3, \cdots, X_m)$；

步骤 6：计算均值点 $M$ 点至 $P$ 点的距离，得 $Wz$，如果 $Wz<W_{min}$，置 $W_{min}=Wz$，转步骤 3，继续迭代；如果 $Wz>W_{min}$，放弃 $Wz$，转步骤 3，继续迭代；

步骤 7：如果迭代达到规定的次数 $N$，$W_{min}$ 即为 $M$ 点至 $P$ 点的最小距离，即 $\beta=W_{min}$。

### 4.2.3.3　算例验证

设功能函数 $Z=R-S$，$R$ 和 $S$ 均为正态分布，$R$ 均值为 3，方差为 1，$S$ 均值为 2，方差为 1。可采用上述基于 Logistic 迭代方程的改进可靠度指标算法计算该功能函数的可靠度指标 $\beta$。

可靠度指标 $\beta$ 值的几何意义如图 4-4 所示，可靠度指标 $\beta$ 值为中心点 $M$ 至 $P$ 点的最近距离，$P$ 点位于 $Z=R-S=0$ 的直线上。

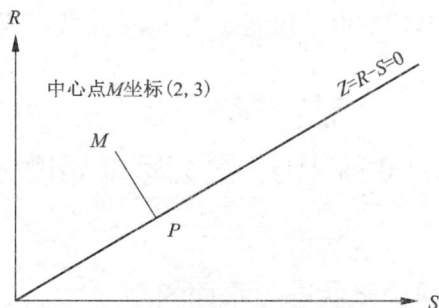

图 4-4　可靠度指标 $\beta$ 算例

根据正态分布计算功能函数的公式，可得功能函数的可靠度指标 $\beta$ 值[379]：

$$\beta = \frac{\mu_R - \mu_S}{(\sigma_R^2 + \sigma_S^2)^{1/2}} = \frac{3-2}{\sqrt{2}} = \frac{1}{\sqrt{2}} = 0.7071$$

可采用基于 Logistic 迭代方程的改进可靠度指标算法计算该功能函数的可靠度指标 $\beta$。

编写如下 Matlab 程序

```
Wmin=10000
x1=0. 512
a1=0
a2=4
for  i=1: 200
    x1=x1* 4* (1- x1)
    xx1=a1+(a2- a1)* x1
    xx2=xx1
    f1=sqrt((xx1- 2)^2+(xx2- 3)^2)
    if f1<Wmin
      rx=xx1
      Wmin=f1
    end
end
```

Matlab 程序运行后，Wmin=0.7072，与理论计算结果完全一致。

以上算例研究表明，基于 Logistic 迭代方程的改进可靠度指标算法直接源于可靠度指标 $\beta$ 的几何意义，不用对功能函数求偏导，算法简单，程序编制方便。

如果功能函数为 $Z=R^4-S^3$，是一复杂的曲线，用一次可靠度分析法、统计矩法等理论方法很难进行计算，但采用基于 Logistic 迭代方程的改进可靠度指标算法求解很容易实现。

## 4.3  基于改进算法的矿山边坡工程可靠度分析

### 4.3.1  矿山边坡工程极限状态超平面模型

矿山边坡工程发生破坏失稳是一个复杂的地质灾害演化过程，由于矿山边坡工程内部结构复杂，构成边坡的岩石物理力学性质各不相同，边坡破坏具有不同的模式[381]。不同破坏模式的边坡工程存在不同的滑移面，应当采用不同的计算方法来分析其稳定性。矿山边坡工程稳定性分析方法可分为定性分析法和定量分析法两大类。定性分析法包括工程类比法和图解法，图解法包括赤平极射投影、摩擦圆和实体比例投影法等；极限平衡法、应力-应变数值分析法（如边界元、有限元、离散元等）、随机有限元法等属于定量分析法。

由于边坡工程的复杂性，越来越多的研究方法被采用，有很多工程技术人员对可靠度分析法进行了研究。由于可靠度分析中有些极限状态函数很复杂，可靠度求解困难，为此开发了一些适应复杂极限状态函数的可靠度求解方法。

基于 Logistic 迭代方程的改进可靠度算法适应复杂可靠度函数求解，其中最为关键的是得出极限状态超平面方程，为将基于 Logistic 迭代方程改进可靠度算法应用于矿山边坡工程，有必要研究矿山边坡工程的极限状态超平面模型。

极限平衡法是根据边坡截面上的滑移体将滑体分块，用静力平衡原理分析边坡岩体各破坏模式下的受力状况，研究滑移体上的抗滑力与下滑力之间的关系，来评价边坡的稳定情况。极限平衡法是定量分析边坡稳定性的主要研究方法，也是边坡工程实践中使用最多的一种分析方法。目前在极限平衡分析法中，用到的分析方法有：Fellenius 分析法，Bishop 分析法，Janbu 分析法，Morgenstern-Price 分析法，Spencer 分析法，Sarma 分析法，余推力分析法和楔形块体分析法，平面破坏分析法等。在边坡工程实践中，主要根据边坡破坏滑移面的形态来确定合适的极限平衡分析法[381]。

根据国内外露天矿山边坡工程实际，综合分析露天开采边坡工程特征，矿山边坡工程潜在的破坏模式概括起来有三种类型[382]：①圆弧形破坏；②平面破坏；③三维楔体破坏。

下面针对上述三种破坏模式，采用极限平衡法研究各种破坏形式的极限状态超平面模型。

1）圆弧形破坏极限状态超平面模型

针对圆弧形破坏模式，采用两种不同计算方法进行稳定性研究，以达到互相补充与互相校核的作用。分别分析简化 Bishop 分析法和 Janbu 分析法的极限状态超平面模型。

（1）简化 Bishop 分析法极限状态超平面模型。

Bishop 分析法是一种适合于圆弧形破坏滑移面的边坡稳定性分析法，也适合于滑移面为近似圆弧的情况[383]。该分析方法的基本力学模型如图 4-5 所示，将滑移体分成若干个条块，并取其中任意条块，进行力学分析。

滑移体条块上的作用力有：分块重量 $W_i$；作用于条块上垂直外荷载 $Q_i$；作用在分条上水平地震力 $Q_{Ai}$（$Q_{Ai} = K_c \cdot W_i$，$K_c$ 为爆破的地震影响系数）；条块之间作用力的水平分量 $X_i$；条块之间作用力的垂直分量 $Y_i$；条块的抗滑力 $S_i$；条块底部的法向力 $N_i$。

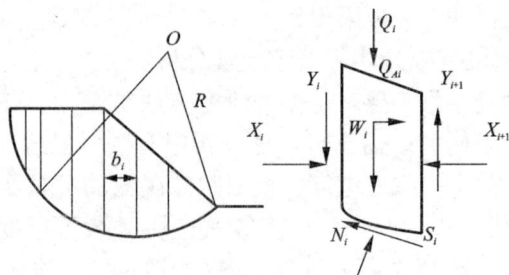

图 4-5  Bishop 分析法力学模型

根据条块垂直方向上的平衡条件可得

$$W_i - N_i \cos\alpha_i + Y_i - Y_{i+1} - S_i \sin\alpha_i + Q_i = 0 \qquad (4\text{-}29)$$

由岩体的库仑破坏准则，可得

$$S_i = [c_i l_i + (N_i - u_i l_i) \cdot \tan\varphi_i] / F \qquad (4\text{-}30)$$

根据式（4-29）和式（4-30），可得

$$N_i = \frac{1}{m_i} \left( W_i + Q_i - \frac{1}{F} C_i l_i \cdot \sin\alpha_i + Y_i - Y_{i+1} + \frac{1}{F} u_i l_i \cdot \tan\varphi_i \sin\alpha_i \right) \qquad (4\text{-}31)$$

式中：$m_i = \cos\alpha_i + (\sin\alpha_i \cdot \tan\varphi_i) / F$。

由滑移体绕圆弧中心的力矩平衡条件 $\sum M_o = 0$，将其简化，可得 Bishop 分析法的极限状态超平面模型：

$$Z = \sum_{i=1}^{n} \frac{1}{m_i} [c_i b_i + (W_i + Q_i - u_i b_i) \cdot \tan\varphi_i + (Y_i - Y_{i+1}) \cdot \tan\varphi_i] -$$

$$\left[ \sum_{i=1}^{n} (W_i + Q_i) \cdot \sin\alpha_i + \sum_{i=1}^{n} Q_{Ai} \cdot \cos\alpha_i \right] = 0 \qquad (4\text{-}32)$$

式（4-32）中含未知量（$Y_i - Y_{i+1}$），如果进行简化假定，则不能求解。Bishop 分析法假定 $Y_i - Y_{i+1} = 0$，也就是假设条块之间只有水平力的作用而没有切向作用力，由此可得到简化 Bishop 分析法极限状态超平面模型：

$$Z = \sum_{i=1}^{n} \frac{1}{m_i} [c_i b_i + (W_i + Q_i - u_i b_i) \cdot \tan\varphi_i] -$$

$$\left[ \sum_{i=1}^{n} (W_i + Q_i) \cdot \sin\alpha_i + \sum_{i=1}^{n} Q_{Ai} \cdot \cos\alpha_i \right] = 0 \qquad (4\text{-}33)$$

式中：$Z$ 为极限状态超平面函数；$u_i$ 为作用在各分块滑移面上的空隙水压力；$l_i$ 为各分块滑移面的长度；$b_i$ 为各条分块的宽度（$l_i \approx b_i / \cos\alpha_i$）；$\alpha_i$ 为各分块滑移面与水平面的夹角；$c_i$ 为各分块滑移面上的黏结力；$\varphi_i$ 为各分块滑移面上的内摩擦角；$i$ 为各分析条块的序号（$i = 1, 2, \cdots, n$），$n$ 为分块总数。

诸多边坡工程计算表明，Bishop 分析法与严格的极限平衡分析法相比，结果比较接近。

（2）Janbu 分析法极限状态超平面模型。

Janbu 分析法的特点是假定条块间的水平作用力位置，在此前提下，每个条块均满足全部的静力平衡条件与极限平衡条件，滑移体的力矩平衡条件自然也得到满足，并且它适应于任何滑移面而不必规定其为一个圆弧面，因此又称其为普遍条分法。在条块分割时，要求垂直分条，其特点是稳定系数计算准确，但计算较复杂[383]。

Janbu 分析法的基本假设条件[383]：

①在垂直条块侧面的作用力位于滑移面之上的 1/3 条块高处；
②作用在条块上的重力和反作用力通过条块底面的中点；
③整个滑移面上各条块存在相同的安全系数，其表达式为 $F=\tau_f/\tau$。

从滑移体的各条块中任意取一条块进行力学分析，如图 4-6 所示，图中条块上的各作用力符号和意义同图 4-5。

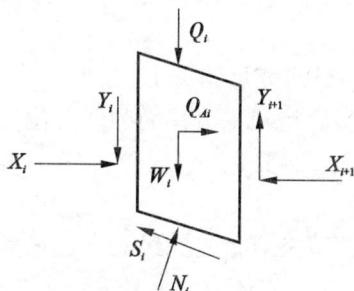

**图 4-6　Janbu 分析法条块受力分析图**

在垂直方向上，根据力的平衡条件，有

$$W_i+Q_i-N_i\cos\alpha_i-S_i\sin\alpha_i+Y_i-Y_{i+1}=0 \tag{4-34}$$

在水平方向上，根据力的平衡条件，有

$$X_i+Q_{Ai}-N_i\sin\alpha_i-S_i\cos\alpha_i-X_{i+1}=0 \tag{4-35}$$

根据库仑破坏准则，可得

$$S_i=\frac{1}{F}\big[\,c_ib_i+(N_i-u_il_i)\cdot\tan\varphi_i\,\big] \tag{4-36}$$

由式（4-34）~式（4-36），可得 Janbu 分析法极限状态超平面模型表达式：

$$Z = \sum \frac{1}{n_{\alpha_i}} \{ c_i b_i + [ ( W_i + Q_i - u_i b_i ) + ( Y_i - Y_{i+1} ) ] \cdot \tan\varphi_i \} -$$

$$\sum \{ [ W_i + ( Y_i - Y_{i+1} ) + Q_i ] \cdot \tan\alpha_i + Q_{Ai} \} = 0 \qquad (4-37)$$

式中：

$$n_{\alpha_i} = \cos^2\alpha_i ( 1 + \frac{1}{F} \tan\alpha_i \cdot \tan\varphi_i ) \qquad (4-38)$$

（3）最危险圆弧滑动面确定方法。

由上述简化 Bishop 法和 Janbu 法极限状态超平面的计算原理可知，进行极限状态超平面模型分析时，必须首先设定滑移面位置，也就是说，在滑移面位置已经确定的情形下才能够得出极限状态超平面模型。但是，在任意假设某一滑移面位置条件下，分析所得出的结果并不代表边坡的真正极限状态，因为滑移面是任意取的。而且，每假定一个滑移面位置，都会有一个不同的分析结果，对应最小安全系数的滑移面称为最危险滑移面或临界滑移面，因此它才是真正的滑移面。因此，最危险滑移面确定是极限平衡法分析极为重要而又必须要解决的问题。在目前的工程计算应用中，最危险滑移面的确定可采用两种方法，分别是自动搜索法和优化法。

本书采用自动搜索法，其研究思路如下：

确定临界圆弧滑移面实质是确定滑移面的圆心位置和圆弧的半径，圆弧滑移面的自动搜索是一种穷举法，需要进行大量的反复计算。为减少计算的工作量，一般采用如下两种方式[383]：

①确定圆弧圆心的取值范围。首先凭经验在边坡前上方大体确定一个圆心坐标范围，该范围与边坡的形状、岩体力学性质和受外力状况有关。然后将该区域划分为网格，在网格上，每个节点均是有待进行试算的圆心，而后对不同半径的滑移圆弧进行计算，求得最危险状态的圆心位置和半径。为实现精确求解，可再用所得圆心位置为中心，在其更小的范围内划分为更细的网格，反复进行上述工作，逼近真值。

②搜寻圆弧滑移面在边坡轮廓上的交点。最危险滑移面的位置不仅与边坡的高度、坡角、台阶宽度及其组合形式等几何参数相关，而且与边坡的岩体力学性质和外部载荷相关。分析圆弧形滑移面，在剖面上的滑面与边坡外形轮廓线的交点仅有两个，圆心的位置必定位于两个交点的垂直平分线上。

理正岩土工程计算分析的软件包（4.5 版）在确定临界圆弧滑动面有三种方法：一是程序自动搜索最危险滑移面；二是指定圆心范围，搜索最危险滑移面；三是给出圆弧出入口的范围搜索最危险滑移面。为确保计算结果的精确性，在计算时，对同一剖面可同时采用上述三种方式搜索最危险滑移面。

2)平面破坏极限状态超平面模型

岩质边坡的平面破坏分析法是对边坡上滑移体沿单一结构面或软弱面产生平面滑移的一种分析法,该滑移面或滑移迹线是已知的结构面,其力学模型如图 4-7 所示。

平面破坏型力学模型的基本假定条件有[383]:

①滑移面和张裂隙的走向与破面平行;②张裂隙是直立的,其裂隙中充有 $Z_W$ 高度的水柱;③水柱沿着张裂隙的底部进入滑移面并沿滑移面渗透;④滑移体沿滑移面刚性下滑而无转动;⑤取单位长度的岩片,假定有横向的节理面存在,在结构体的侧面没有滑动阻力。

从图 4-7 可看出,滑移体上的作用力有:滑体的重量 $W$;滑移面上的法向作用力 $N$;滑移面上的裂隙水压力 $U$;抗滑力 $S$;作用在滑移体重心上的水平地震力 $Q_A$($Q_A = K_c \cdot W$,其中 $K_c$ 是爆破地震影响系数);张裂隙中的空隙水压力 $V$。

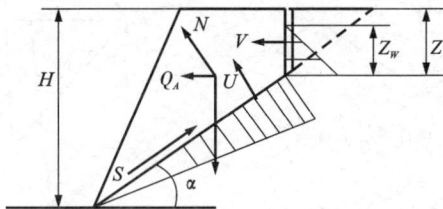

图 4-7　平面破坏计算分析模型

由滑移面上法向($N$ 方向)力的平衡条件,可得

$$N + Q_A \sin\alpha - W\cos\alpha + V\sin\alpha = 0 \tag{4-39}$$

由滑移面上切向($S$ 方向)力的平衡条件,可得

$$Q_A \cos\alpha + W\sin\alpha + V\cos\alpha - S = 0 \tag{4-40}$$

根据库仑准则和安全系数的定义得

$$S = \frac{1}{F}\left[ c \cdot l + (N - U) \cdot \tan\varphi \right] \tag{4-41}$$

由式(4-39)和式(4-40),可求出 $N$,$S$ 的表达式,将其代入式(4-41),整理并简化,得平面破坏极限状态超平面模型:

$$Z = c \cdot l - (Q_A \sin\alpha - W\cos\alpha + V\sin\alpha + U)\tan\varphi - (Q_A\cos\alpha + W\sin\alpha + V\cos\alpha) \tag{4-42}$$

式中:

$$U = \frac{1}{2}\gamma_W Z_W(H - Z) \cdot \cos\alpha \tag{4-43}$$

$$V = \frac{1}{2}\gamma_W Z_W^2 \tag{4-44}$$

式中：$c$ 为滑移面黏结力；$\varphi$ 为滑移面内摩擦角；$\alpha$ 为滑移面倾角；$l$ 为滑移面的长度；$\gamma_W$ 为裂隙水的容重。

3）三维楔体破坏极限状态超平面模型

三维楔体法适用于边坡岩体工程中受构造结构面控制的楔体沿着两个相交不连续面滑移，呈现楔体破坏形式的边坡稳定性力学分析[383]。楔体破坏的空间关系如图4-8所示，楔体受力如图4-9所示。

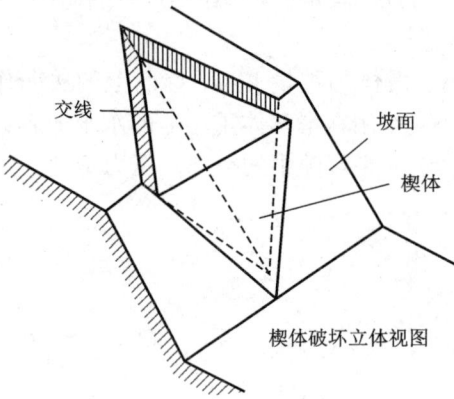

图4-8　楔体破坏立体视图　　　　图4-9　楔形体受力分析图

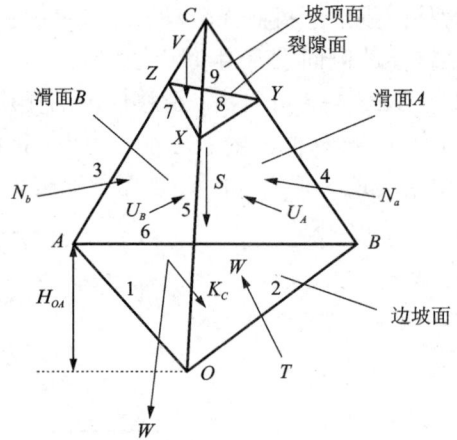

楔体下滑破坏力学模型满足的基本假设条件有[383]：①楔体由两个相交结构面和坡顶面构成；②滑移体沿着两个滑移面的交线下滑；③坡顶面是倾斜的；④坡肩后侧有张性裂缝存在；⑤张性裂缝和滑移面上存在水压作用；⑥存在锚固作用力。

由图4-9可知，楔体上的作用力有：楔体重量 $W$；平面 $A$ 上总法向力 $N_a$；平面 $A$ 的上举力 $U_A$；平面 $B$ 的总法向力 $N_b$；平面 $B$ 的上举力 $U_B$；由张性裂缝中水所产生的作用力 $V$；锚索或锚杆施加的外力 $T$；沿潜在滑移线的力 $S$；水平地震作用力 $K_c W$。平面 $A$、$B$ 的法向力分别用 $N_{ae}$ 和 $N_{be}$ 表示。

根据滑面 $A$ 法向力方向上的力平衡条件，可得

$$(N_{ae}+U_A)+m_{na \cdot nb}(N_{be}+U_b)+m_{w \cdot na} \cdot W+m_{v \cdot na} \cdot V+m_{T \cdot na} \cdot T+m_{e \cdot na} \cdot K_C W=0$$

$$(4-45)$$

根据滑面 $B$ 法向力方向上的力平衡条件，可得

$$(N_{be}+U_B)+m_{na \cdot nb}(N_{ae}+U_A)+m_{w \cdot nb} \cdot W+m_{v \cdot nb} \cdot V+m_{T \cdot nb} \cdot T+m_{e \cdot nb} \cdot K_C W=0$$

$$(4-46)$$

将式（4-45）和式（4-46）联立求解，得

$$N_{ae} = qW + rV + sT - U_A + o \cdot K_C W \qquad (4-47)$$

$$N_{be} = xW + yV + zT - U_B + p \cdot K_C W \qquad (4-48)$$

式中：

$$o = (m_{na \cdot nb} \cdot m_{e \cdot nb} - m_{e \cdot na}) / (1 - m_{na \cdot nb}^2) \qquad (4-49)$$

$$p = (m_{na \cdot nb} \cdot m_{e \cdot na} - m_{e \cdot nb}) / (1 - m_{na \cdot nb}^2) \qquad (4-50)$$

$$q = (m_{na \cdot nb} \cdot m_{w \cdot nb} - m_{w \cdot na}) / (1 - m_{na \cdot nb}^2) \qquad (4-51)$$

$$r = (m_{na \cdot nb} \cdot m_{v \cdot nb} - m_{v \cdot na}) / (1 - m_{na \cdot nb}^2) \qquad (4-52)$$

$$s = (m_{na \cdot nb} \cdot m_{T \cdot nb} - m_{T \cdot na}) / (1 - m_{na \cdot nb}^2) \qquad (4-53)$$

$$x = (m_{na \cdot nb} \cdot m_{w \cdot na} - m_{w \cdot nb}) / (1 - m_{na \cdot nb}^2) \qquad (4-54)$$

$$y = (m_{na \cdot nb} \cdot m_{v \cdot na} - m_{v \cdot nb}) / (1 - m_{na \cdot nb}^2) \qquad (4-55)$$

$$z = (m_{na \cdot nb} \cdot m_{T \cdot na} - m_{T \cdot nb}) / (1 - m_{na \cdot nb}^2) \qquad (4-56)$$

根据楔体的几何形状，可确定各作用力的倾角与倾向关系（表 4-1）。

表 4-1　楔体各作用力倾角与倾向关系

| 力 | 倾角 | 倾向 | 力 | 倾角 | 倾向 |
|---|---|---|---|---|---|
| $W$ | 90° | 未定 | $T$ | $\psi_T$ | $\alpha_T$ |
| $N_{ae}$ | $\psi_a + 90°$ | $\alpha_a$ | $S$ | $\psi_S$ | $\alpha_S$ |
| $N_{be}$ | $\psi_b + 90°$ | $\alpha_b$ | $K_C W$ | 0° | |
| $V$ | $\psi_t + 90°$ | $\alpha_t$ | — | — | — |

将各作用力倾角和方向代入余弦公式，可得

$$m_{na \cdot nb} = \sin\psi_a \cdot \sin\psi_b \cdot \cos(\alpha_a - \alpha_b) + \cos\psi_a \cdot \cos\psi_b \qquad (4-57)$$

$$m_{w \cdot na} = -\cos\psi_a \qquad (4-58)$$

$$m_{w \cdot nb} = -\cos\psi_b \qquad (4-59)$$

$$m_{v \cdot na} = \sin\psi_a \cdot \sin\psi_t \cdot \cos(\alpha_a - \alpha_t) + \cos\psi_a \cdot \cos\psi_t \qquad (4-60)$$

$$m_{v \cdot nb} = \sin\psi_b \cdot \sin\psi_t \cdot \cos(\alpha_b - \alpha_t) + \cos\psi_b \cdot \cos\psi_t \qquad (4-61)$$

$$m_{T \cdot na} = \cos\psi_T \cdot \sin\psi_a \cdot \cos(\alpha_T - \alpha_a) + \cos\psi_a \cdot \cos\psi_T \qquad (4-62)$$

$$m_{T \cdot nb} = \cos\psi_T \cdot \sin\psi_b \cdot \cos(\alpha_T - \alpha_b) + \cos\psi_b \cdot \cos\psi_T \qquad (4-63)$$

$$m_{w \cdot 5} = \sin\psi_s \qquad (4-64)$$

$$m_{v \cdot 5} = \cos\psi_s \cdot \sin\psi_t \cdot \cos(\alpha_s - \alpha_t + 180°) - \sin\psi_s \cdot \cos\psi_t \qquad (4-65)$$

$$m_{T \cdot 5} = \cos\psi_s \cdot \sin\psi_T \cdot \cos(\alpha_s - \alpha_T + 180°) - \sin\psi_s \cdot \sin\psi_T \qquad (4-66)$$

$$m_{e \cdot 5} = \cos\psi_s \qquad (4-67)$$

$$m_{e \cdot na} = \sin\psi_a \cdot \cos(\alpha_a - \alpha_s) \qquad (4-68)$$

$$m_{e \cdot nb} = \sin \psi_b \cdot \cos (\alpha_b - \alpha_s) \tag{4-69}$$

式中：$m_{na \cdot nb}$ 为滑移面 $A$ 法向和滑移面 $B$ 法向的方向余弦；$\alpha_a$ 和 $\alpha_b$ 为滑移面 $A$ 和 $B$ 的倾向；$\psi_a$ 和 $\psi_b$ 为滑移面 $A$ 和 $B$ 的倾角；$\psi_t$ 和 $\alpha_t$ 为后裂面的倾角和倾向；$\psi_T$ 和 $\alpha_T$ 为滑移体上锚杆倾角和倾向；$\psi_S$ 和 $\alpha_S$ 为滑移面 $A$ 和滑移面 $B$ 交线 $OC$ 的倾角和倾向。

楔体滑移块顺交线 $OC$ 向下滑移的滑力 $S$ 由沿 $OC$（即图 4-9 中序号 5）的受力解析而求出：

$$S = m_{w \cdot 5} \cdot W + m_{v \cdot 5} \cdot V + m_{T \cdot 5} \cdot T + m_{e \cdot 5} \cdot K_C W \tag{4-70}$$

根据库仑破坏准则，可得滑移破坏抗滑力 $S'$ 为

$$S' = C_A \cdot A_A + C_B \cdot A_B + N_{ae} \cdot \tan \varphi_A + N_{be} \cdot \tan \varphi_b \tag{4-71}$$

由此可得三维楔体破坏极限状态超平面模型：

$$Z = C_A \cdot A_A + C_B \cdot A_B + N_{ae} \cdot \tan \varphi_A + N_{be} \cdot \tan \varphi_B - (m_{w \cdot 5} \cdot W + m_{v \cdot 5} \cdot V + m_{T \cdot 5} \cdot T + m_{e \cdot 5} \cdot K_C W) \tag{4-72}$$

式中：$C_A$ 和 $C_B$ 为滑移面 $A$ 和 $B$ 的黏结力；$A_A$ 和 $A_B$ 为滑移面 $A$ 和 $B$ 的面积；$V = P \cdot A_T / 3$；$U_A = P \cdot A_A / 3$；$U_B = P \cdot A_B / 3$；$P$ 为滑移体后缘张裂缝与滑移面交线 $OC$ 交点处的最大水压力；$A_T$ 为张性裂缝的面积。

### 4.3.2 矿山边坡工程可靠度改进算法的工程实例分析

德兴铜矿是目前我国有色矿山中规模最大的露天矿，设计露天境界上口尺寸为 2300 m×2400 m，矿山开采规模达 10 万吨/天。矿区杨桃坞、水龙山、石金岩、黄牛前和西源岭开采阶段边坡已形成，边坡暴露高度最高达 400 多米。根据设计，部分区域的最终边坡高度将超过 700 m。在矿山开采过程中，由于边坡岩体自重应力、断层、节理等各方面因素的影响，部分区段的边坡已出现局部不稳定现象，为此有必要研究边坡岩体的稳定性。

本书就德兴铜矿最关键的杨桃坞、水龙山和西源岭边坡稳定性，采用可靠度改进算法进行稳定性研究。

#### 4.3.2.1 边坡岩体力学参数

边坡岩体抗剪强度是边坡稳定性分析的重要力学参数。本书进行了大量岩石力学室内试验，完成了大量岩石抗剪断强度试验与节理摩擦剪切试验，为边坡岩体稳定性分析提供了基础。但室内岩石力学试验结果不能直接用于边坡稳定性分析，因岩体是含有大量软弱结构面的地质材料，边坡岩体抗剪强度取决于岩石抗剪强度、弱面抗剪强度以及弱面在岩体中的分布情况，必须对室内试验数据进行处理，本书采用有费辛柯法将实验室参数进行弱化，以得到符合工程实际的岩体力学参数（表 4-2）。

**表 4-2 德兴铜矿岩体力学参数**

| 边坡名称 | 岩体抗剪强度 | | 岩体黏结力 | | 岩体内摩擦角 $\varphi$ | |
|---|---|---|---|---|---|---|
| | 均值/MPa | 变异系数 | 均值/MPa | 变异系数 | 均值/(°) | 变异系数 |
| 杨桃坞边坡 | 6.12 | 0.12 | 0.225 | 0.15 | 36.80 | 0.21 |
| 水龙山边坡 | 7.79 | 0.11 | 0.206 | 0.17 | 32.80 | 0.19 |
| 西源岭边坡 | 7.18 | 0.13 | 0.265 | 0.18 | 35.52 | 0.23 |

经试验研究，岩体中节理抗剪力学参数为：黏结力均值 $C = 0.10$ mPa，变异系数 0.18；内摩擦角均值 $\varphi = 25°$，其变异系数 0.20。

边坡稳定性分析选用的岩石容重参数为 27.5 kN/m³，为常数。

#### 4.3.2.2 德兴铜矿杨桃坞边坡可靠度分析

根据杨桃坞区段边坡现状，选取一代表性剖面进行边坡稳定性分析。剖面的具体位置为杨桃坞边坡地形图中 Y1-Y1′剖面（图 4-10）。分别采用简化 Bishop 极限状态超平面模型和 Janbu 极限状态超平面模型，对该剖面边坡岩体的稳定性进行可靠度分析，计算结果如表 4-3 所示，搜索到的临界滑移面如图 4-11 所示。

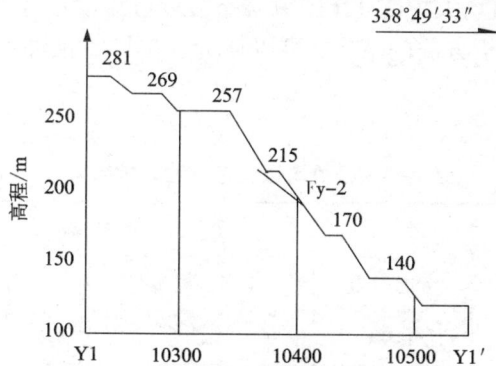

**图 4-10 杨桃坞边坡 Y1-Y1′剖面图**

基于 Logistic 迭代方程的改进可靠度计算步骤如下：

首先根据图 4-11，将边坡滑移体分成不同条块，采用式（4-33）分别计算每一条块的受力，形成包含岩体的黏结力 $c$ 和内摩擦角 $\varphi$ 两个变量的极限超平面状态方程 $Z = f(c, \varphi)$，得到简化 Bishop 分析法和 Janbu 分析法的极限状态超平面方程；而后根据 4.2.3.2 节中"改进可靠度指标 $\beta$ 的计算方法"中 7 个步骤计算可靠度指标 $\beta$。

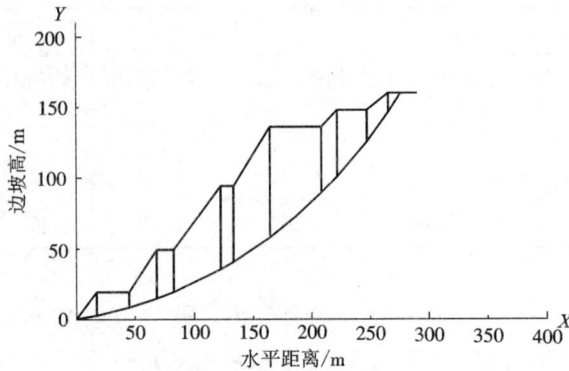

图 4-11 杨桃坞搜索到的临界滑动圆弧图

　　杨桃坞边坡稳定性计算结果如表 4-3 所示。从表 4-3 可以看出，杨桃坞边坡在分别考虑自重，自重与爆破，自重、爆破和地下水作用三种不同工况条件下，使用简化 Bishop 分析法和使用 Janbu 分析法分析时安全系数均大于 1.25（国内外矿山安全系数标准不小于 1.25）；采用简化 Bishop 分析法和使用 Janbu 分析法分别得出其极限状态超平面方程，采用基于 Logistic 迭代方程的改进可靠度算法计算可靠度指标 $\beta$，$\beta$ 值均大于 2.42（国家公路边坡可靠度指标不小于 2.42）。

　　综合以上不同分析方法的结果，可以认为，在目前条件下，德兴铜矿杨桃坞边坡是稳定的。

表 4-3 杨桃坞边坡稳定性分析结果

| 分析方法 | 安 全 系 数 | | |
| --- | --- | --- | --- |
| | 考虑自重 | 自重+爆破 | 自重+爆破+地下水 |
| 简化 Bishop 分析法 | 1.99 | 1.77 | 1.54 |
| Janbu 分析法 | 2.02 | 1.78 | 1.55 |
| 分析方法 | 可 靠 度 指 标 | | |
| | 考虑自重 | 自重+爆破 | 自重+爆破+地下水 |
| 简化 Bishop 分析法 | 3.32 | 2.87 | 2.49 |
| Janbu 分析法 | 3.40 | 2.92 | 2.53 |

### 4.3.2.3　德兴铜矿水龙山边坡可靠度分析

根据德兴铜矿水龙山区段边坡现状，选取一代表性剖面，进行边坡稳定性分析。剖面位置为水龙山-石金岩边坡地形图中 S1-S1′剖面，工程地质剖面如图 4-12 所示。

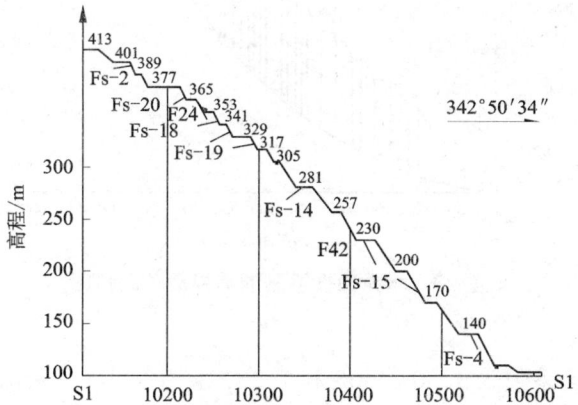

**图 4-12　水龙山边坡 S1-S1′剖面图**

采用基于 Logistic 迭代方程的改进可靠度算法对该边坡稳定性进行了可靠性分析，计算结果如表 4-4 所示，搜索的临界滑移面如图 4-13 所示。

**表 4-4　水龙山边坡稳定性分析结果**

| 分析方法 | 安 全 系 数 | | |
| --- | --- | --- | --- |
| | 考虑自重 | 自重+爆破 | 自重+爆破+地下水 |
| 简化 Bishop 分析法 | 1.50 | 1.38 | 1.26 |
| Janbu 分析法 | 1.58 | 1.50 | 1.30 |
| 分析方法 | 可 靠 度 指 标 | | |
| | 考虑自重 | 自重+爆破 | 自重+爆破+地下水 |
| 简化 Bishop 分析法 | 3.06 | 2.64 | 2.21 |
| Janbu 分析法 | 3.14 | 2.73 | 2.35 |

从表 4-4 的水龙山边坡可靠性分析结果可以看出，水龙山边坡在分别考虑自重、自重+爆破、自重+爆破+地下水作用三种不同条件下，采用简化 Bishop 分析

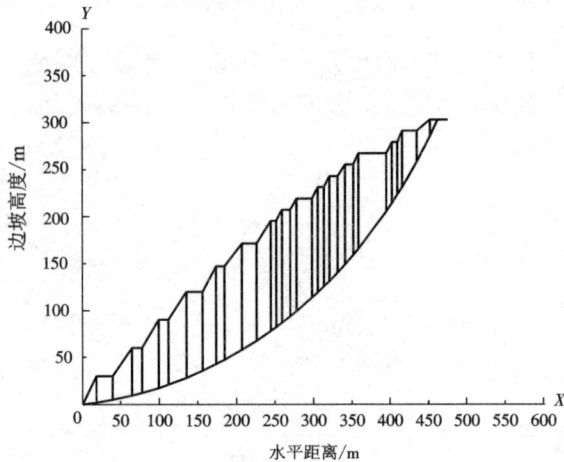

**图 4-13   水龙山搜索到的临界滑动圆弧图**

法分析得到的安全系数为 1.50、1.38 和 1.26, 采用 Janbu 分析法分析得到的安全系数为 1.58、1.50 和 1.30。采用基于 Logistic 迭代方程的改进可靠度算法, 用简化 Bishop 分析法, 分别考虑自重、自重+爆破、自重+爆破+地下水作用三种不同条件下, 得出的可靠度指标分别为 3.06、2.64 和 2.21, 用 Janbu 分析法分别考虑自重、自重+爆破、自重+爆破+地下水作用三种不同条件下, 得出的可靠度指标分别为 3.14、2.73 和 2.35。

    安全系数计算结果表明, 边坡安全系数均大于 1.25, 但计算得出的可靠度指标在自重、爆破和地下水的作用下, 其可靠度指标小于 2.42(国家规定值), 表明该边坡在爆破和地下水的双重作用下, 有可能产生失稳, 有必要进行加固, 以提高边坡工程的安全性。

### 4.3.2.4   德兴铜矿西源岭边坡可靠度分析

    根据德兴铜矿西源岭边坡现状和边坡稳定性可能潜在破坏模式研究的结果, 选取 X1-X1′代表性的剖面进行边坡稳定可靠度分析, 剖面具体位置如图 4-14 所示。

    采用简化 Bishop 分析法计算 X1-X1′剖面在考虑自重, 自重+爆破震动力作用, 自重+爆破震动+地下水作用三种条件下边坡的安全系数分别为 1.89、1.55、1.35(计算结果如表 4-5 所示, 搜索临界滑移面如图 4-15 所示); 用 Janbu 分析法计算该剖面在考虑自重, 自重+爆破震动力作用, 自重+爆破震动+地下水作用三种条件下边坡安全系数分别为 2.00、1.76、1.53。

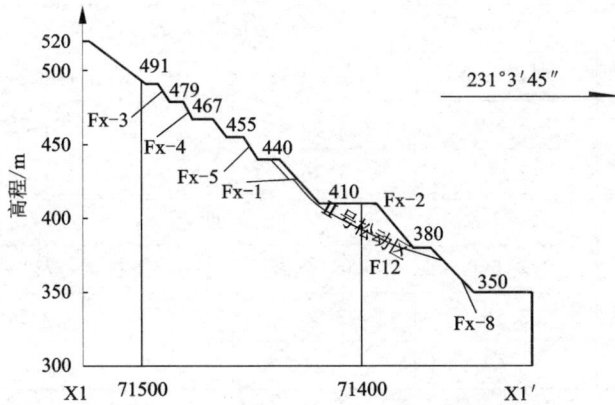

**图 4-14　西源岭边坡 X1-X1′剖面图**

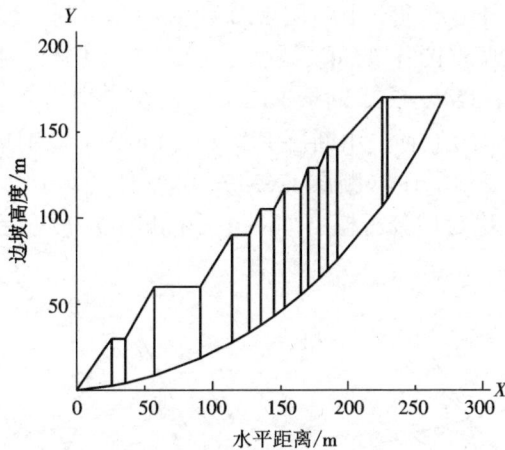

**图 4-15　西源岭 X1-X1′剖面临界滑动圆弧**

　　采用基于 Logistic 迭代方程的改进可靠度算法，用简化 Bishop 分析法得出在考虑自重，自重+爆破动载荷作用，自重+爆破动载荷+地下水作用三种条件下边坡可靠度指标分别为 3.56、3.06 和 2.54；用 Janbu 分析法得出该剖面在自重，自重+爆破动载荷作用、自重+爆破震动+地下水作用三种条件下边坡的可靠度指标分别为 3.62，3.21，2.85。

　　西源岭边坡 X1-X1′剖面安全系数均大于 1.25，计算得出的可靠度指标在自重，自重+爆破震动力作用、自重+爆破震动+地下水作用三种条件下其可靠度指标均大于 2.42，表明西源岭边坡在 X1-X1′剖面是安全的。

表 4-5  西源岭边坡 X1-X1′剖面稳定性分析结果

| 分析方法 | 安 全 系 数 | | |
| --- | --- | --- | --- |
| | 考虑自重 | 自重+爆破 | 自重+爆破+地下水 |
| 简化 Bishop 分析法 | 1.89 | 1.55 | 1.35 |
| Janbu 分析法 | 2.00 | 1.76 | 1.53 |
| 分析方法 | 可 靠 度 指 标 | | |
| | 考虑自重 | 自重+爆破 | 自重+爆破+地下水 |
| 简化 Bishop 分析法 | 3.56 | 3.06 | 2.54 |
| Janbu 分析法 | 3.62 | 3.21 | 2.85 |

在西源岭边坡 X2-X2′剖面所在区段存在两处可能的楔体破坏模式，构成楔体的各结构面和边坡坡面产状如下。

楔体①：在 365-410 台阶，由断层 F12 和 FX-1 切割边坡形成楔体，该楔体与西源岭边坡地形地质图中的 Ⅱ 号松动区对应。其体产状为：台阶边坡面 246°/55°、断层 FX-1 324°/43°、断层 F12 292°/36°。

楔体②：在 365-410 台阶，由断层 FX-17 和 FX-1 切割边坡，形成楔体。其产状为：台阶边坡面 243°/51°、断层 FX-17 206°/41°、断层 FX-1 324°/43°。

楔体①和楔体②稳定性分析模型如图 4-16 和图 4-17 所示。

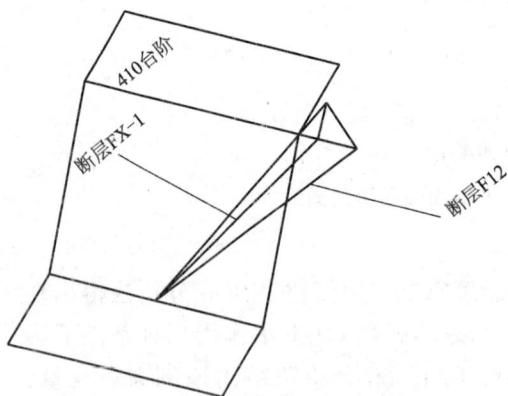

图 4-16  楔体①稳定性分析模型

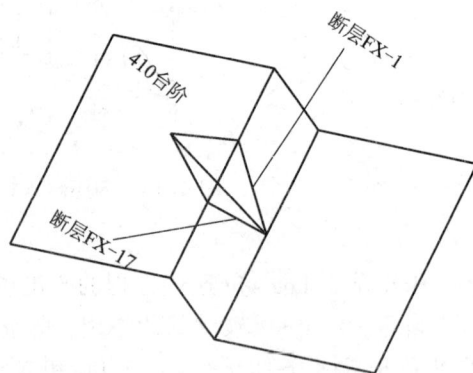

图 4-17  楔体②稳定性分析模型

对于三维楔体,采用基于 Logistic 迭代方程的改进可靠度算法,计算步骤如下:

首先采用式(4-72)计算出三维楔体破坏极限状态超平面状态方程 $Z$,状态方程 $Z$ 包含岩体的黏结力 $c$ 和内摩擦角 $\varphi$ 两个变量,即 $Z=f(c, \varphi)$;而后根据 4.2.3.2 节中"改进可靠度指标 $\beta$ 的计算方法"中 7 个步骤计算可靠度指标 $\beta$。

楔体①和楔体②稳定性计算结果如表 4-6 所示。

表 4-6 西源岭边坡 X2-X2′剖面楔形破坏稳定性分析结果

| 分析方法 | 安 全 系 数 | | |
| --- | --- | --- | --- |
| | 自重 | 自重+爆破 | 自重+爆破+结构面饱水 |
| 楔形体① | 2.01 | 1.61 | 1.05 |
| 楔形体② | 1.86 | 1.56 | 1.27 |
| 分析方法 | 可 靠 度 指 标 | | |
| | 自重 | 自重+爆破 | 自重+爆破+结构面饱水 |
| 楔形体① | 4.12 | 3.62 | 1.87 |
| 楔形体② | 3.81 | 3.26 | 2.15 |

从表 4-6 结果可看出,在只考虑自重的天然状态下,该地段的两个楔体均是稳定的。但在考虑自重+爆破+结构面泡水(如暴雨或持续大雨气象条件)不利组合条件下,楔形体①的安全系数只有 1.05,可靠度指标仅 1.87,处于不稳定的临界状态,应当采用长锚索等措施进行加固;由断层 FX-17、FX-1 与局部台阶边坡面构成的楔形体②,虽然安全系数达到 1.27,但可靠度计算指标为 2.15,小于 2.42,同样也处于不稳定的状态,须进行加固处理。

以上计算表明,采用基于 Logistic 迭代方程的改进可靠度算法只需要确定随机变量,得出含随机变量的状态方程,而后根据 Logistic 迭代方程搜索随机变量中心点与极限状态方程所形成面的最小距离,即可得出功能函数的可靠度指标,不用对功能函数进行求导,使用非常方便。

# 4.4 本章小结

(1)在总结目前一次可靠度分析法、蒙特卡洛法、统计矩法等可靠度计算理论与方法的基础上,应用混沌理论的 Logistic 迭代方程,提出了一种新的边坡岩体可靠度计算方法。该可靠度改进算法根据可靠度的物理意义，采用 Logistic 迭代方程搜索随机变量中心点距极限状态函数超平面的最小距离，不用对功能函数求偏导，即可简捷地得出可靠度指标，具有算法简单、程序编制方便等优点，适应于非线性、含高次项的复杂功能函数计算可靠度指标。

（2）基于 Logistic 迭代方程改进可靠度算法最为关键的是得出极限状态超平面方程，为此根据矿山边坡工程特征，建立了简化 Bishop 分析法边坡极限状态超平面模型、Janbu 分析法边坡极限状态超平面模型、平面破坏边坡极限状态超平面模型和三维楔体破坏边坡极限状态超平面模型。

（3）采用基于 Logistic 迭代方程改进可靠度算法，研究了德兴铜矿杨桃坞、水龙山和西源岭边坡稳定性。研究显示，在分别考虑自重、自重+爆破、自重+爆破+地下水作用三种不同条件下，杨桃坞边坡可靠度指标 β 值均大于 2.42，得出杨桃坞边坡是稳定的；水龙山边坡在分别考虑自重、自重+爆破、自重+爆破+地下水作用三种不同条件下，可靠度指标分别为 3.06、2.64 和 2.21，水龙山边坡在爆破和地下水的双重作用下，失稳的可能性比较大；西源岭边坡在考虑自重，自重+爆破震动力作用、自重+爆破震动+地下水作用三种条件下其可靠度指标均大于 2.42，西源岭边坡整体是安全的，同时分析了西源岭边坡的两个楔体，两个楔体在考虑自重条件下是稳定的，但在考虑自重+爆破+结构面泡水状态下，可靠度指标均小于 2.42，两个楔形体均处于不稳定状态，须进行加固处理。

# 第 5 章　矿山边坡稳定性未确知测度判别与 Fisher 识别

## 5.1　概述

　　矿山边坡失稳是重要的地质灾害之一，特别是大量开采作业，边坡高度越来越高，揭露岩层越来越多，滑坡危害日益严峻。对于矿山边坡，首先要对其稳定性进行评价，而后提出治理措施。根据露天采矿工程经验，影响边坡稳定性的因素非常多，且各影响因素之间的关系错综复杂，边坡稳定性研究是露采矿山的重要研究课题。目前，有很多学者在矿山边坡工程稳定性研究方面进行了大量研究，对这些研究成果进行总结，发现当前矿山边坡研究方法大体可分为三类：第一类为极限平衡分析法，该方法的优点是可对边坡稳定性进行定量计算，进而得出稳定性系数，计算非常方便，但该方法的缺点是计算过程中，要进行一些人为假设，稳定性分析判断主要依赖于经验方法，有较强的主观性[384]；第二类为数值分析方法，如强度折减法、强度参数经验法等，这类计算方法的优点是能直观地对边坡进行分析，但缺点是计算过程中，要人为确定一些参数，而往往这些参数很难得到，因此稳定性分析判断也依赖于一些经验方法，同样有一定的主观性[385]；第三类方法是工程类比法，模糊综合评价、灰色聚类评价及神经网络评价等方法均属工程类比法[386~388]，这类方法的优点是应用方便，但需要大量的类似工程资料。工程类比法将边坡工程样本按相似性进行聚类分析，按照样本间的相似性原则判断边坡工程稳定性；传统聚类方法应用较早，能够对历史数据资料进行聚类分析，但不能解决如何利用这些聚类的结果对类似工程进行稳定性预测。为了解决此类问题，本章根据露采边坡工程特征，建立矿山边坡岩体未确知测度分析模型，进而对待分析的边坡进行稳定性估算。另外，根据前人研究经验，以满足工程技术条件、现场实用及利用前人数据为基础，借鉴 Fisher 判别理论，选取影响矿山边坡稳定性的主要因素，对矿山边坡稳定等级进行分析和判断。

## 5.2 聚类未确知综合识别算法

### 5.2.1 待预测事物的分类模式

假定要进行分类的 $n$ 个对象为 $R_1$，$R_2$，…，$R_n$，要进行分类对象的空间 $\boldsymbol{R}=\{R_1$，$R_2$，…，$R_n\}$。对于 $R_i \in R(i \leq n)$，有 $m$ 个评判指标 $x^1$，$x^2$，…，$x^m$，则评判指标的空间 $X=\{x^1$，$x^2$，…，$x^m\}$，那么 $R_i$ 可分成 $m$ 维向量，即 $R_i=\{x_i^1$，$x_i^2$，…，$x_i^m\}$，其中，$x_i^j$ 表示要进行分类对象 $x^j$ 的测量值，对于每一个 $x_i^j$ 有 $K$ 个分类等级 $C_1$，$C_2$，…，$C_K$，分类空间记为 $\boldsymbol{\Omega}$，则 $\boldsymbol{\Omega}=(C_1$，$C_2$，…，$C_k)$，设 $C_k$ 表示分类等级，则 $k$ 级高于 $(k+1)$ 级，记为 $C_1>C_2>C_3 \cdots>C_K$，若 $\{C_1$，$C_2$，…，$C_K\}$ 满足 $C_1>C_2>C_3 \cdots >C_K$ 或 $C_1<C_2<C_3 \cdots<C_K$，则称 $\{C_1$，$C_2$，…，$C_K\}$ 是分类对象空间 $R=\{R_1$，$R_2$，…，$R_n\}$ 的一个有序分割类[393~395]。

分类矩阵可表示为

$$
\begin{array}{c}
\quad\quad C_1, \ C_2, \ C_k \\
\begin{array}{c} x^1 \\ x^2 \\ \vdots \\ x^m \end{array}
\begin{bmatrix}
a_{11} & a_{12} & a_{1k} \\
a_{21} & a_{22} & a_{2k} \\
\vdots & \vdots & \vdots \\
a_{m1} & a_{m2} & a_{mk}
\end{bmatrix}
\end{array}
\tag{5-1}
$$

其中：$a_{jp}(1 \leq j \leq m，1 \leq p \leq k)$，$a_{mk}$ 是样本聚类中心，必须满足 $a_{j1}>a_{j2}>\cdots>a_{jk}$ 或 $a_{1p}<a_{2p}<\cdots<a_{jp}$。

### 5.2.2 未确知均值分级

进行未确知均值分级的步骤如下。

步骤 1：根据样本分类和总体指标值，求各类指标的均值，以此确定分类矩阵[248]。

步骤 2：根据分类矩阵，求出各个指标的未确知函数[389~391]。

步骤 3：求出各项指标的权重值，设 $w_j$ 为权重指标，则 $\{w_1$，$w_2$，…，$w_n\}$ 为权向量，要求 $0 \leq w_j \leq 1$，且 $\sum w_j = 1$。

未确知测度 $\mu_{ik}^j$ 信息熵可表示为

$$
H_j = \sum_{i=1}^{K} \mu_{ik}^j \lg \mu_{ik}^j
\tag{5-2}
$$

令

$$v_j = 1 + \frac{1}{\lg K} \sum_{i=1}^{K} \mu_{ik}^j \lg \mu_{ik}^j \tag{5-3}$$

令

$$w_j = v_j / \sum_{i=1}^{n} v_i \tag{5-4}$$

则 $w_j$ 值体现 $x_i$ 的重要程度，且 $0 \leqslant w_j \leqslant 1$，$\sum w_j = 1$，所以 $w_j$ 可作为 $x_j$ 权重[392]。

步骤 4：多指标综合测度向量的确定与识别。

假设 $\mu_{ik} = \mu(\mu_i \in C_k)$ 为样本 $R_i$ 属于第 $k$ 个评价类型 $C_k$ 的测试值，则

$$\mu_{ik} = \sum_{j=1}^{m} w_j w_i \mu_{ik}^j \tag{5-5}$$

由于 $0 \leqslant \mu_{ik} \leqslant 1$，且

$$\sum_{i=1}^{K} \mu_{ik} = \sum_{i=1}^{K} \sum_{j=1}^{m} w_j \mu_{ik}^j = \sum_{j=1}^{m} \left| \sum_{i=1}^{K} \mu_{ik}^j \right| w_j = \sum_{j=1}^{m} w_j = 1 \tag{5-6}$$

式中：$\mu_{ik}$ 是未确知测度值。

称 $(\mu_{i1}, \mu_{i2}, \cdots, \mu_{ik})$ 为样本 $R_i$ 综合测度向量。假设 $C_1 > C_2 > \cdots > C_p$，采用置信度识别原则[393]：

若 $\lambda$ 为置信度，其中，$\lambda \geqslant 0.5$，常取 $0.6$ 或 $0.7$。

若 $C_1 > C_2 > \cdots > C_p$，令

$$k_0 = \min\left\{ k: \sum_{l=1}^{k} \mu_l > \lambda, \ k = 1, 2, \cdots, p \right\} \tag{5-7}$$

则认为，评价因素 $R$ 属第 $k_0$ 个评价类 $C_{k0}$。

### 5.2.3　Fisher 识别理论与方法

将高维数点映射到低维空间中(甚至一维直线上)以避免数据维数高难以识别的缺点，是 Fisher 判别法基本思想[393]。

#### 5.2.3.1　Fisher 判别法求解方法

假设分析样本是有 $m$ 个总体 $\{G_1, G_2, \cdots, G_m\}$，各样本均值和协方差分别为 $\{\mu^{(1)}, \mu^{(2)}, \cdots, \mu^{(m)}\}$ 和 $\{V^{(1)}, V^{(2)}, \cdots, V^{(m)}\}$。

从总体样本 $G_i$ 中分别抽取容量为 $n_i$ 的样本为

$$X_\alpha^{(i)} = (x_{\alpha 1}^{(i)}, x_{\alpha 2}^{(i)}, \cdots, x_{\alpha p}^{(i)})^T, \ (\alpha = 1, 2, \cdots, n_i; \ i = 1, 2, \cdots, m) \tag{5-8}$$

则

$$\mu^T X_\alpha^{(i)} = (\mu^{(1)} x_{\alpha 1}^{(i)}, \mu^{(2)} x_{\alpha 2}^{(i)}, \cdots, \mu^{(m)} x_{\alpha p}^{(i)})^T, \ (i = 1, 2, \cdots, m) \tag{5-9}$$

在轴上投影记为

$$\overline{X}^{(i)} = \frac{1}{n_i} \sum_{i=1}^{n_i} X_{(\alpha)}^{(i)} \tag{5-10}$$

$$\overline{X} = \frac{1}{n} \sum_{i=1}^{m} \sum_{\alpha=1}^{n_i} X_{(\alpha)}^{(i)}, \ n = \sum_{i=1}^{m} n_i \tag{5-11}$$

式中：$\overline{X}^{(i)}$ 与 $\overline{X}$ 分别为组类的平均值与总平均值，组内差为

$$e = \sum_{i=1}^{m} \sum_{\alpha=1}^{n_i} (\boldsymbol{\mu}^{\mathrm{T}} X_{(\alpha)}^{(i)} - \boldsymbol{\mu}^{\mathrm{T}} \overline{X}^{(i)})^2$$

$$= \boldsymbol{\mu}^{\mathrm{T}} \{ \sum_{i=1}^{m} [ \sum_{\alpha=1}^{n_i} (X_{(\alpha)}^{(i)} - \overline{X}^{(i)})(X_{(\alpha)}^{(i)} - \overline{X}^{(i)})^{\mathrm{T}} ] \} \boldsymbol{\mu} = \boldsymbol{\mu}^{\mathrm{T}} \{ \sum_{i=1}^{m} S_i \} \boldsymbol{\mu} \triangleq \boldsymbol{\mu}^{\mathrm{T}} W \boldsymbol{\mu} \tag{5-12}$$

式中：$S_i$ 为总体样本 $G_i$ 中 $n_i$ 个样本 $X_\alpha^{(i)}(\alpha = 1, 2, \cdots, n_i)$ 的离差阵。组间差为

$$b = \sum_{i=1}^{m} \sum_{\alpha=1}^{n_i} (\boldsymbol{\mu}^{\mathrm{T}} \overline{x}^{(i)} - \boldsymbol{\mu}^{\mathrm{T}} \overline{x})^2 = \boldsymbol{\mu}^{\mathrm{T}} [ \sum_{i=1}^{m} (\overline{x}^{(i)} - \overline{x})(\overline{x}^{(i)} - \overline{x})^{\mathrm{T}} ] \boldsymbol{\mu} \triangleq \boldsymbol{\mu}^{\mathrm{T}} B \boldsymbol{\mu} \tag{5-13}$$

当不同样本的组间数差和组内数差满足如下两个条件时，判别函数判别的准确性高：

①不同样本的组间数差越大越好；

②每个样本的组内数差越小越好。

根据上述两个条件，有

$$\varPhi = \frac{b}{e} = \frac{\mu^{\mathrm{T}} B \mu}{\mu^{\mathrm{T}} W \mu} \tag{5-14}$$

采用拉格朗日乘数法，令

$$F = \mu^{\mathrm{T}} B \mu - \lambda(\mu^{\mathrm{T}} W \mu - 1) \tag{5-15}$$

式(5-15)求偏导，并令其为 0，方程如下：

$$\frac{\partial F}{\partial u} = 2B\mu - 2\lambda W\mu = 0 \tag{5-16}$$

进一步整理，可得

$$(W^{-1} B - \lambda I)\mu = 0 \tag{5-17}$$

式中：$\mu$ 为判别系数；$I$ 为样本组内数差平方和与组间数差平方和之比。

解方程，可得出 $(S-2)$ 个判别函数值 $S = \min[(G-1), m]$。对第一个方程进行分析，可得大部分样本的信息。

### 5.2.3.2　判别函数的检验

考察判别函数的优良性时可通过训练样本回代估算法得出误判率。假设从 $G_i$ 中抽取容量为 $n_i$ 的样本，$X_\alpha^{(i)} = (x_{\alpha1}^{(i)}, x_{\alpha2}^{(i)}, \cdots, x_{\alpha p}^{(i)})^\mathrm{T}$ （$\alpha = 1, 2, \cdots, n_i$; $i = 1, 2, \cdots, m$），根据总样本重组，可得（$n_1 + n_2 + \cdots + n_m$）个新的样本，依次代入判别函数，采用判别准则进行回判。假设 $n_i$ 表示总样本个数，误判数为 $N$，误判率 $\eta$ 为

$$\eta = \frac{N}{\sum_{i=1}^{m} n_i} \tag{5-18}$$

## 5.3　工程实例分析

### 5.3.1　栾川钼矿露采边坡稳定性判别与评价

#### 5.3.1.1　矿山边坡稳定性评价指标体系构建

影响露采边坡稳定性的因素很多，其中岩性特征是边坡稳定性评价的第一影响要素；边坡岩体存在断层、节理裂隙是滑坡的直接原因，因此滑移面结构特征应当作为边坡稳定性评价的主要因素；边坡可能滑移体的大小对采矿安全构成威胁，滑体大小无疑是边坡稳定性评价的因素；露天开采强度影响边坡岩体稳定性，开采强度也是边坡稳定性评价的因素；露天开采过程中，边坡岩体不停地受爆破扰动影响，爆破作用也是边坡稳定性评价的因素；露采边坡规模大，揭露岩石多，不同地段边坡后缘情况不同，边坡所受的力不同，因此将后缘加载作为边坡稳定性评价影响因素；矿山边坡岩体不同地段的地下水状况不同，其影响岩体稳定性的机理各异，边坡稳定性评价必须考虑地下水作用；此外，在露天矿开采过程中，设备活动影响边坡岩体稳定性，也应作为边坡稳定性评价的因素。

根据以上分析，构建边坡稳定性评价的岩性特征、滑面特征、滑体大小、开采强度、爆破作用、后缘加载、水力侵蚀和设备活动 8 个指标，每个指标按影响程度分为三级，严重取 1.0，中等取 0.5，轻度或无影响取 0。

#### 5.3.1.2　栾川钼矿三道庄露天矿边坡稳定性评价

栾川钼矿三道庄露天矿海拔标高 +1200 m，开采台阶高度 12 m，边坡高度 650 m，随着矿山开采，边坡岩体局部出现失稳特征，有必要对整个边坡岩体的不同地段进行稳定性评价，为矿山安全开采提供技术指导。

为此，根据前面建立的露天边坡岩体稳定性评价指标体系，对栾川钼矿三道庄露天矿 0 号至 70 号勘探线进行稳定性评价。

0 号至 70 号勘探线的岩性特征、滑面特征、滑体大小、开采强度、爆破作用、后缘加载、水力侵蚀和设备活动 8 个评价指标值如表 5-1 所示。

表 5-1　栾川钼矿露天边坡稳定性评价

| 勘探线号 | 岩性特征 | 滑面特征 | 滑体大小 | 开采强度 | 爆破作用 | 后缘加载 | 水力侵蚀 | 设备活动 |
|---|---|---|---|---|---|---|---|---|
| 0 | 0.5 | 0.5 | 0.5 | 0.5 | 0.5 | 0.0 | 0.5 | 0.0 |
| 2 | 1.0 | 0.5 | 1.0 | 1.0 | 0.5 | 0.5 | 1.0 | 1.0 |
| 4 | 0.5 | 0.5 | 0.0 | 0.5 | 0.5 | 0.5 | 1.0 | 0.0 |
| 6 | 0.5 | 0.0 | 0.0 | 0.5 | 0.5 | 0.0 | 1.0 | 0.0 |
| 8 | 1.0 | 0.0 | 0.0 | 0.5 | 0.0 | 0.0 | 0.5 | 0.0 |
| 10 | 0.5 | 1.0 | 0.5 | 1.0 | 1.0 | 1.0 | 0.5 | 0.5 |
| 12 | 1.0 | 0.0 | 0.0 | 0.5 | 0.0 | 1.0 | 1.0 | 0.0 |
| 14 | 0.5 | 0.0 | 0.5 | 0.5 | 0.0 | 0.5 | 1.0 | 0.0 |
| 16 | 0.5 | 0.0 | 0.0 | 0.5 | 0.5 | 0.5 | 1.0 | 0.0 |
| 18 | 0.5 | 0.0 | 0.0 | 0.5 | 0.5 | 0.5 | 0.5 | 0.0 |
| 20 | 0.5 | 1.0 | 1.0 | 1.0 | 0.5 | 0.5 | 0.5 | 0.0 |
| 22 | 1.0 | 0.0 | 1.0 | 1.0 | 1.0 | 0.0 | 0.0 | 0.0 |
| 24 | 0.5 | 1.0 | 0.5 | 1.0 | 1.0 | 0.5 | 1.0 | 0.0 |
| 26 | 0.5 | 0.0 | 0.0 | 0.0 | 1.0 | 0.0 | 1.0 | 0.0 |
| 28 | 0.5 | 0.0 | 1.0 | 0.5 | 0.0 | 1.0 | 1.0 | 0.0 |
| 30 | 1.0 | 0.0 | 0.5 | 0.0 | 1.0 | 0.0 | 1.0 | 0.0 |
| 32 | 0.5 | 0.0 | 0.0 | 0.5 | 1.0 | 0.5 | 1.0 | 0.0 |
| 34 | 1.0 | 1.0 | 0.5 | 0.5 | 0.5 | 0.0 | 0.5 | 0.0 |
| 36 | 1.0 | 0.0 | 0.5 | 0.0 | 1.0 | 0.0 | 0.0 | 0.0 |
| 38 | 0.5 | 0.5 | 0.0 | 0.0 | 1.0 | 0.0 | 1.0 | 1.0 |
| 40 | 0.5 | 1.0 | 0.5 | 0.5 | 1.0 | 0.5 | 1.0 | 0.5 |
| 42 | 0.5 | 0.5 | 0.0 | 0.0 | 1.0 | 0.5 | 0.5 | 0.0 |
| 44 | 1.0 | 1.0 | 1.0 | 1.0 | 1.0 | 0.0 | 0.5 | 0.0 |
| 46 | 1.0 | 0.5 | 0.5 | 1.0 | 0.0 | 0.5 | 0.5 | 0.0 |

**续表5-1**

| 勘探线号 | 岩性特征 | 滑面特征 | 滑体大小 | 开采强度 | 爆破作用 | 后缘加载 | 水力侵蚀 | 设备活动 |
|---|---|---|---|---|---|---|---|---|
| 48 | 1.0 | 0.5 | 1.0 | 1.0 | 1.0 | 0.0 | 0.5 | 0.0 |
| 50 | 1.0 | 1.0 | 1.0 | 0.5 | 0.5 | 0.5 | 0.5 | 0.0 |
| 52 | 1.0 | 0.5 | 1.0 | 1.0 | 0.5 | 0.0 | 0.5 | 0.0 |
| 54 | 0.5 | 1.0 | 0.5 | 0.5 | 1.0 | 1.0 | 0.5 | 0.0 |
| 56 | 0.5 | 0.5 | 0.5 | 1.0 | 1.0 | 1.0 | 0.5 | 0.0 |
| 58 | 0.0 | 1.0 | 1.0 | 0.0 | 1.0 | 1.0 | 0.5 | 0.0 |
| 60* | 0.5 | 0.5 | 0.5 | 1.0 | 1.0 | 0.0 | 0.5 | 0.0 |
| 62* | 1.0 | 1.0 | 1.0 | 1.0 | 0.0 | 0.0 | 0.5 | 0.0 |
| 64* | 1.0 | 0.5 | 0.5 | 0.0 | 1.0 | 0.0 | 0.5 | 0.0 |
| 66* | 0.5 | 1.0 | 0.0 | 0.0 | 1.0 | 0.0 | 1.0 | 1.0 |
| 68* | 0.5 | 0.5 | 0.0 | 0.5 | 1.0 | 0.0 | 0.5 | 0.0 |

注：标注 * 的样本为预测检验样本。

利用 Fisher 判别法分析边坡的稳定性，根据前面提出的计算方法，得出边坡岩体各勘探线稳定性分类，如表 5-2 所示。计算得出的组内协方差矩阵、总协方差矩阵、Fisher 判别特征向量、Fisher 判别标准化系数、各类重心及 Fisher 判别函数计算结果如表 5-3~表 5-8 所示。

**表 5-2　边坡稳定性分析结果**

| 边坡编号 | 常规聚类法级别 | 模糊聚类法级别 | 未确知测度级别 | Fisher 判别法识别结果 |
|---|---|---|---|---|
| 0 | Ⅲ | Ⅲ | Ⅲ | 3 |
| 2 | Ⅰ | Ⅰ | Ⅰ | 1 |
| 4 | Ⅳ | Ⅲ | Ⅲ | 3 |
| 6 | Ⅳ | Ⅳ | Ⅳ | 4 |
| 8 | Ⅳ | Ⅳ | Ⅳ | 4 |
| 10 | Ⅳ | Ⅲ | Ⅲ | 4 |
| 12 | Ⅳ | Ⅳ | Ⅳ | 4 |
| 14 | Ⅳ | Ⅳ | Ⅳ | 4 |
| 16 | Ⅵ | Ⅵ | Ⅵ | 6 |

续表5-2

| 边坡编号 | 常规聚类法级别 | 模糊聚类法级别 | 未确知测度级别 | Fisher判别法识别结果 |
|---|---|---|---|---|
| 18 | Ⅲ | Ⅲ | Ⅲ | 2 |
| 20 | Ⅵ | Ⅴ | Ⅴ | 6 |
| 22 | Ⅰ | Ⅰ | Ⅰ | 1 |
| 24 | Ⅰ | Ⅰ | Ⅰ | 1 |
| 26 | Ⅴ | Ⅴ | Ⅴ | 5 |
| 28 | Ⅳ | Ⅳ | Ⅳ | 4 |
| 30 | Ⅴ | Ⅵ | Ⅵ | 5 |
| 32 | Ⅴ | Ⅴ | Ⅴ | 4 |
| 34 | Ⅲ | Ⅲ | Ⅲ | 3 |
| 36 | Ⅴ | Ⅴ | Ⅴ | 5 |
| 38 | Ⅴ | Ⅳ | Ⅳ | 4 |
| 40 | Ⅳ | Ⅳ | Ⅴ | 4 |
| 42 | Ⅴ | Ⅴ | Ⅴ | 5 |
| 44 | Ⅲ | Ⅱ | Ⅱ | 2 |
| 46 | Ⅲ | Ⅲ | Ⅲ | 3 |
| 48 | Ⅲ | Ⅲ | Ⅲ | 2 |
| 50 | Ⅲ | Ⅲ | Ⅲ | 3 |
| 52 | Ⅲ | Ⅱ | Ⅱ | 3 |
| 54 | Ⅱ | Ⅱ | Ⅱ | 2 |
| 56 | Ⅱ | Ⅱ | Ⅱ | 2 |
| 58 | Ⅱ | Ⅱ | Ⅱ | 2 |
| 60* | Ⅱ | Ⅱ | Ⅱ | 2 |
| 62* | Ⅲ | Ⅱ | Ⅱ | 2 |
| 64* | Ⅲ | Ⅲ | Ⅲ | 3 |
| 66* | Ⅴ | Ⅴ | Ⅴ | 5 |
| 68* | Ⅴ | Ⅵ | Ⅵ | 5 |

注：标注 * 的样本为预测检验样本。

表 5-3　组内协方差矩阵

| 变量 | $X_1$ | $X_2$ | $X_3$ | $X_4$ | $X_5$ | $X_6$ | $X_7$ | $X_8$ |
|---|---|---|---|---|---|---|---|---|
| $X_1$ | 0.0781 | -0.0116 | 0.0419 | 0.0128 | 0.0015 | -0.0406 | -0.0073 | -0.0140 |
| $X_2$ | -0.0016 | 0.0682 | -0.0276 | -0.0018 | 0.0104 | -0.0019 | -0.0072 | -0.0165 |
| $X_3$ | 0.0309 | -0.0166 | 0.0887 | 0.0042 | -0.0201 | -0.0125 | -0.0105 | -0.0178 |
| $X_4$ | 0.0178 | -0.0018 | 0.0012 | 0.0623 | -0.0192 | -0.0165 | -0.0053 | -0.0169 |
| $X_5$ | 0.0015 | 0.0104 | -0.0201 | -0.0282 | 0.0782 | -0.0021 | 0.0046 | 0.0103 |
| $X_6$ | -0.0346 | -0.0082 | -0.0115 | -0.0165 | -0.0015 | 0.1096 | 0.0035 | 0.0207 |
| $X_7$ | -0.0163 | -0.0062 | -0.0105 | -0.0016 | 0.0252 | 0.0011 | 0.0370 | 0.0109 |
| $X_8$ | -0.0050 | -0.0165 | -0.0158 | -0.0018 | 0.0102 | 0.0212 | 0.0108 | 0.0991 |

表 5-4　总协方差矩阵

| 变量 | $X_1$ | $X_2$ | $X_3$ | $X_4$ | $X_5$ | $X_6$ | $X_7$ | $X_8$ |
|---|---|---|---|---|---|---|---|---|
| $X_1$ | 0.0789 | 0.0157 | 0.0435 | 0.0339 | -0.0162 | -0.0428 | -0.0028 | -0.0029 |
| $X_2$ | 0.0193 | 0.1901 | 0.0787 | 0.1035 | 0.0010 | 0.0173 | -0.0328 | -0.0268 |
| $X_3$ | 0.0574 | 0.0779 | 0.1478 | 0.0778 | -0.0310 | 0.0121 | -0.0246 | -0.0199 |
| $X_4$ | 0.0461 | 0.1067 | 0.0702 | 0.1481 | -0.0303 | 0.0218 | -0.0156 | -0.0026 |
| $X_5$ | -0.0243 | 0.0012 | -0.0303 | -0.0319 | 0.1058 | -0.0035 | 0.0028 | 0.0240 |
| $X_6$ | -0.0426 | 0.0103 | 0.0141 | 0.0215 | -0.0018 | 0.1362 | 0.0027 | 0.02878 |
| $X_7$ | -0.0049 | -0.0309 | -0.0345 | -0.0152 | 0.0027 | 0.0028 | 0.0605 | 0.0635 |
| $X_8$ | -0.0029 | -0.0290 | -0.0167 | -0.0029 | 0.0190 | 0.0268 | 0.0638 | 0.1512 |

表 5-5　Fisher 判别特征向量

| 变量 | $F_1$ | $F_2$ | $F_3$ | $F_4$ | $F_5$ |
|---|---|---|---|---|---|
| $X_1$ | -0.2007 | 0.3038 | -1.8013 | 1.7645 | 0.3607 |
| $X_2$ | 2.8050 | -0.2960 | -0.9198 | 1.6782 | -0.6498 |
| $X_3$ | 2.3037 | 0.3956 | 1.2856 | -0.5298 | -0.3863 |
| $X_4$ | 1.0305 | 0.1387 | 0.9109 | -0.5656 | -0.1137 |

续表5-5

| 变量 | $F_1$ | $F_2$ | $F_3$ | $F_4$ | $F_5$ |
|---|---|---|---|---|---|
| $X_5$ | 0.6138 | -0.7098 | 3.7896 | 0.7356 | -0.3642 |
| $X_6$ | 0.6892 | -0.0228 | 0.1956 | -1.7928 | 0.2253 |
| $X_7$ | 0.2028 | 5.5625 | -0.1327 | 0.3567 | -5.3927 |
| $X_8$ | 1.3470 | 1.1782 | 0.3953 | 0.4472 | 3.2753 |
| 常数 | -4.9704 | -3.8085 | -2.4274 | -1.3987 | 3.2765 |

表 5-6  Fisher 判别标准化系数

| 变量 | $F_1$ | $F_2$ | $F_3$ | $F_4$ | $F_5$ | $D_2$ |
|---|---|---|---|---|---|---|
| $X_1$ | -0.1071 | 0.08762 | -0.5324 | 0.4962 | 0.1141 | 0.5409 |
| $X_2$ | 0.7672 | -0.0684 | -0.2281 | 0.3276 | -0.1866 | 0.7672 |
| $X_3$ | 0.7561 | 0.1572 | 0.3697 | -0.1689 | -0.1004 | 0.7078 |
| $X_4$ | 0.5856 | 0.0547 | 0.2587 | -0.1651 | -0.0307 | 0.4175 |
| $X_5$ | 0.1451 | -0.1861 | 1.1378 | 0.2156 | -0.0876 | 1.2640 |
| $X_6$ | 0.3142 | -0.0152 | 0.1694 | -0.6364 | 0.0747 | 0.5087 |
| $X_7$ | 0.0762 | 0.8076 | -0.0387 | 0.0672 | -0.8127 | 1.3672 |
| $X_8$ | 0.3875 | 0.3581 | 0.1372 | 0.1487 | 1.1086 | 1.3357 |

表 5-7  各类重心

| 变量 | $F_1$ | $F_2$ | $F_3$ | $F_4$ | $F_5$ |
|---|---|---|---|---|---|
| 1 | 4.310 | 2.2780 | 0.7182 | 0.4071 | 0.3025 |
| 2 | 2.1092 | -1.5084 | 0.9098 | -0.2852 | -0.1071 |
| 3 | 1.2076 | -0.7658 | -1.4156 | 0.1892 | -0.0126 |
| 4 | -0.7789 | 1.9525 | -0.1562 | -0.3718 | -0.1590 |
| 5 | -2.8576 | -0.1682 | 0.5867 | 0.7467 | -0.1825 |
| 6 | -3.5064 | -0.7780 | 0.0367 | -0.5185 | 0.3065 |

表 5-8　Fisher 判别函数

| 组 | 常数 | $X_1$ | $X_2$ | $X_3$ | $X_4$ | $X_5$ | $X_6$ | $X_7$ | $X_8$ |
|---|---|---|---|---|---|---|---|---|---|
| 1 | -79.29 | 9.8952 | 24.782 | 23.654 | 21.678 | 16.752 | 13.268 | 51.782 | 5.672 |
| 2 | -44.73 | 8.2876 | 18.872 | 19.543 | 18.652 | 19.672 | 12.615 | 33.506 | -2.631 |
| 3 | -37.19 | 11.891 | 20.876 | 13.387 | 14.358 | 9.865 | 11.189 | 36.092 | -3.791 |
| 4 | -38.73 | 11.567 | 11.563 | 11.565 | 11.716 | 11.452 | 10.782 | 51.878 | -4.670 |
| 5 | -26.18 | 10.678 | 6.782 | 6.784 | 6.841 | 15.561 | 6.891 | 38.852 | -6.791 |
| 6 | -18.22 | 11.543 | 3.096 | 4.672 | 4.873 | 12.562 | 8.528 | 31.569 | -7.782 |

由表 5-2 可看出,聚类未确知综合识别算法、Fisher 判别法得到的结果与常规聚类法的结果基本相同,与模糊聚类法结果相比误差更小。

各函数判别结果如图 5-1~图 5-5 所示(6 种颜色代表 6 种稳定状态),从判别函数结果可看出,该方法判别效果较好,通过第一、第二判别函数就可以很好地估计边坡的稳定等级。

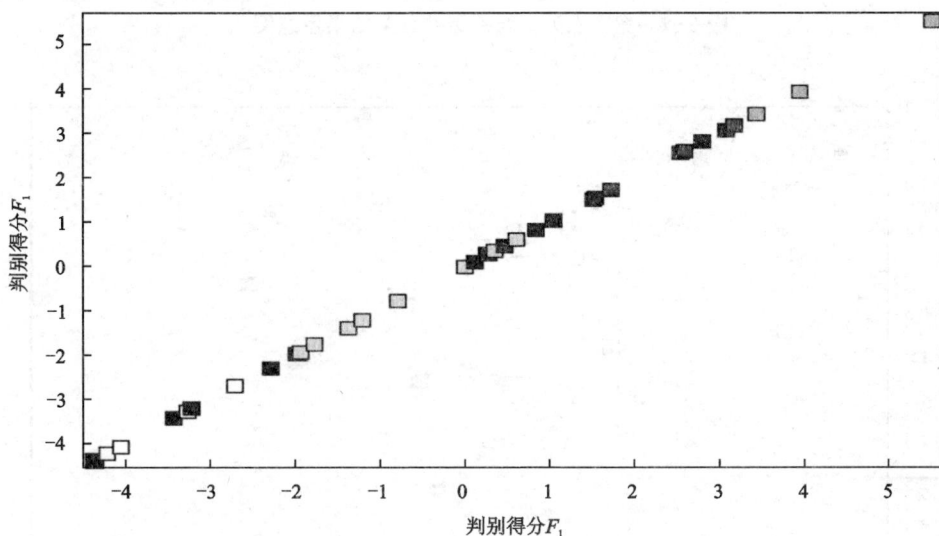

图 5-1　第一判别函数分类结果示意图

研究显示,聚类未确知综合识别算法、Fisher 判别法与常规聚类法、模糊聚类法相比,不同之处在于常规聚类法只完成了对历史数据资料的聚类,但在如何利用这些聚类结果对类似工程稳定性进行研究方面则不能加以考虑。为了很好地解决此类问题，以历史资料聚类中心作为分级标准，建立未确知测度分析模型和 Fisher 判别模型，可以根据建立的模型对待预测边坡稳定性进行估算和预测分析。

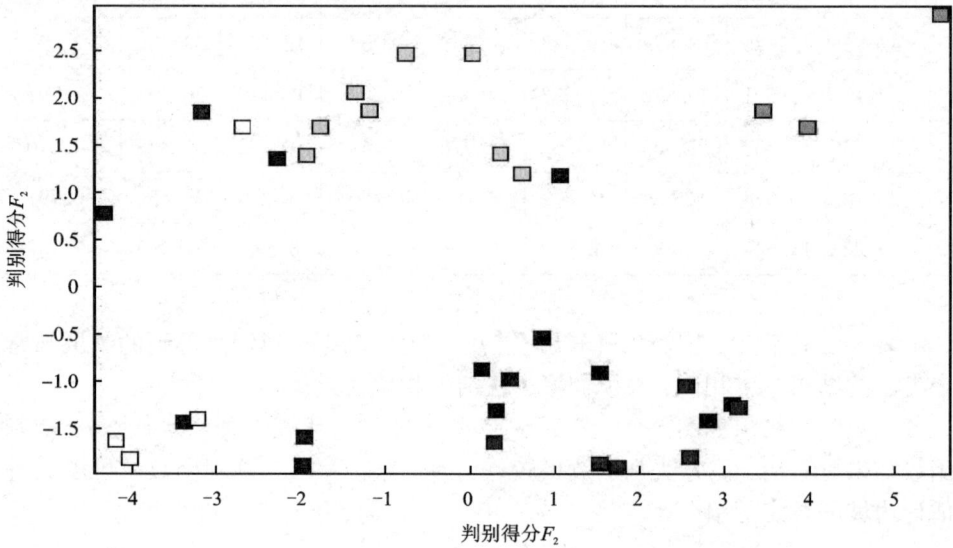

图 5-2　第一、第二判别函数分类结果示意图

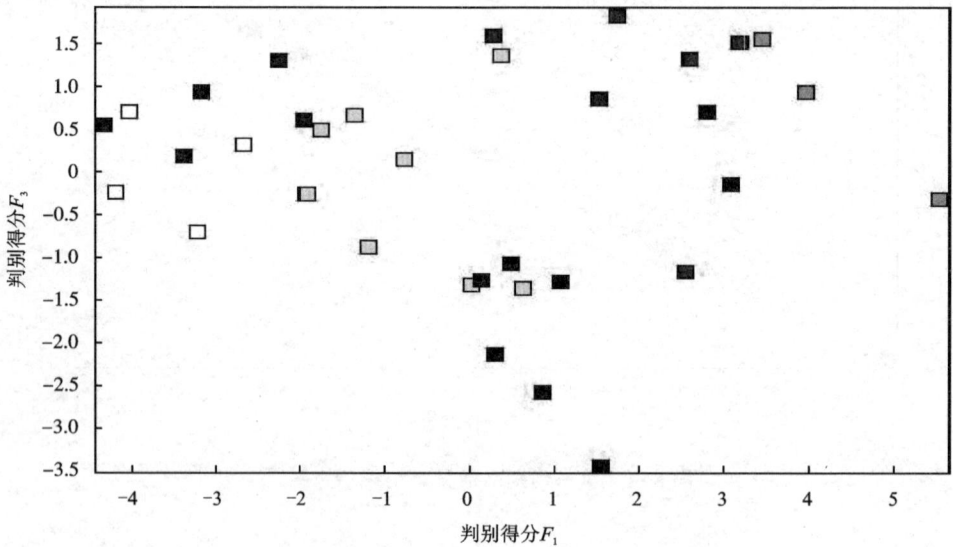

图 5-3　第一、第三判别函数分类结果示意图

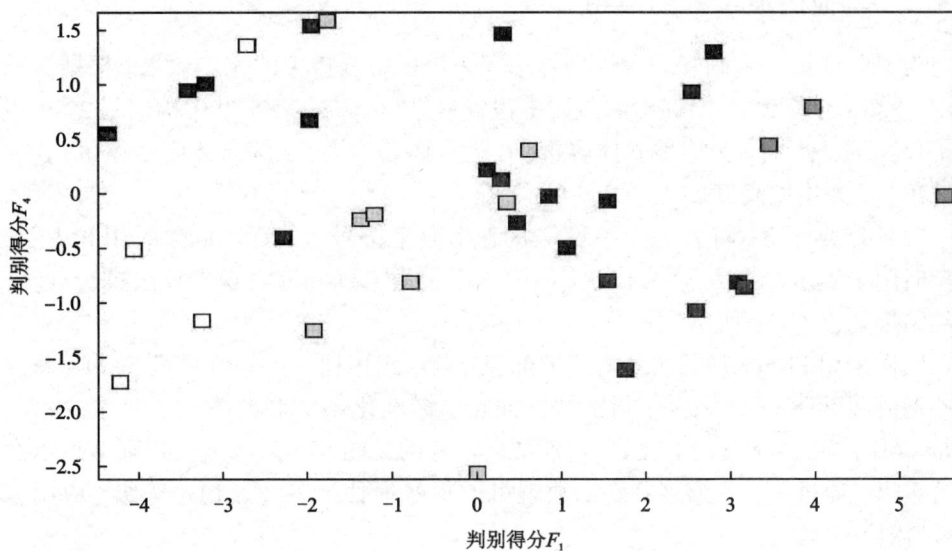

图 5-4　第一、第四判别函数分类结果示意图

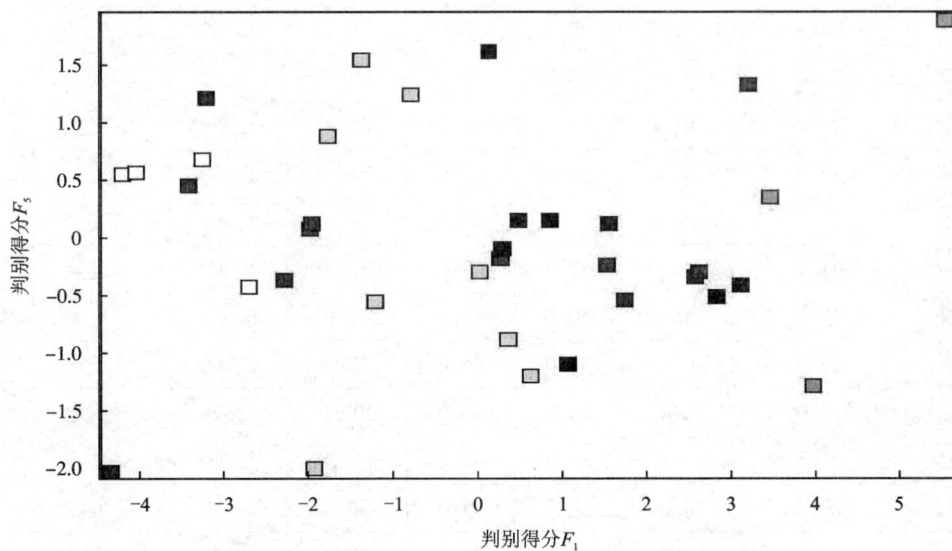

图 5-5　第一、第五判别函数分类结果示意图

### 5.3.2 其他边坡工程的应用

为了验证聚类未确知综合识别算法在边坡稳定分析中的应用效果，根据文献 [384，386，387，390] 中列出的边坡工程资料进行研究，表 5-9 中构建了 27 个边坡工程实例，表中 $\gamma$ 为边坡岩体容重，$C$ 为岩体黏聚力，$\varphi$ 为岩体内摩擦角，$\beta$ 为边坡角，$H$ 为边坡高度。

为了分类方便，将表 5-9 中稳定状态用数字符号来表示，危险时用 0 表示，安全时用 1 表示。把表 5-9 中的实例样本用聚类未确知综合识别算法进行计算，分类结果如表 5-10 所示。

同样采用 Fisher 判别法分析边坡的稳定性，组内协方差矩阵见表 5-11，总协方差矩阵见表 5-12，Fisher 判别特征向量、标准化系数和各类重心见表 5-13，Fisher 判别函数见表 5-14。函数判别结果示意图见图 5-6。从函数判别结果示意图可看出，通过第一、第二判别函数就可以很好地估计各边坡稳定等级，应用方便，判别效果较好。

**表 5-9　边坡工程地质资料及稳定情况**

| 编号 | $\gamma/(\text{kN}\cdot\text{m}^{-3})$ | $C/\text{kPa}$ | $\varphi/(°)$ | $\beta/(°)$ | $H/\text{m}$ | 安全系数 | 稳定状态 |
|---|---|---|---|---|---|---|---|
| 1 | 27.3 | 16.8 | 28.0 | 50.0 | 90.5 | 1.252 | 安全 |
| 2 | 25.0 | 46.0 | 35.0 | 47.0 | 443.0 | 1.282 | 安全 |
| 3 | 25.0 | 46.0 | 35.0 | 44.0 | 435.0 | 1.370 | 安全 |
| 4 | 25.0 | 46.0 | 35.0 | 46.0 | 393.0 | 1.310 | 安全 |
| 5 | 25.0 | 48.0 | 40.0 | 49.0 | 330.0 | 1.490 | 安全 |
| 6 | 31.1 | 68.6 | 37.0 | 47.0 | 305.0 | 1.200 | 危险 |
| 7 | 20.0 | 20.0 | 36.0 | 46.0 | 50.0 | 0.830 | 危险 |
| 8 | 20.0 | 0.0 | 36.0 | 46.0 | 50.0 | 0.790 | 危险 |
| 9 | 25.0 | 55.0 | 36.0 | 46.0 | 299.0 | 1.520 | 安全 |
| 10 | 31.3 | 68.0 | 37.0 | 47.0 | 213.0 | 1.200 | 危险 |
| 11 | 20.0 | 0.0 | 36.0 | 45.0 | 50.0 | 0.670 | 危险 |
| 12 | 22.0 | 0.0 | 40.0 | 33.0 | 8.0 | 1.370 | 安全 |
| 13 | 24.0 | 0.0 | 40.0 | 33.0 | 8.0 | 1.580 | 安全 |
| 14 | 20.0 | 0.0 | 24.0 | 20.0 | 8.0 | 1.450 | 安全 |
| 15 | 18.0 | 5.0 | 30.0 | 20.0 | 8.0 | 2.050 | 安全 |

续表5-9

| 编号 | $\gamma/(kN\cdot m^{-3})$ | $C/kPa$ | $\varphi/(°)$ | $\beta/(°)$ | $H/m$ | 安全系数 | 稳定状态 |
|---|---|---|---|---|---|---|---|
| 16 | 27.0 | 40.0 | 35.0 | 43.0 | 420.0 | 1.150 | 危险 |
| 17 | 27.3 | 14.0 | 31.0 | 41.0 | 110.0 | 1.249 | 安全 |
| 18 | 27.3 | 31.5 | 29.7 | 41.0 | 135.0 | 1.249 | 安全 |
| 19 | 31.3 | 68.0 | 37.0 | 46.0 | 366.0 | 1.200 | 危险 |
| 20 | 27.3 | 26.0 | 31.0 | 50.0 | 92.0 | 1.246 | 安全 |
| 21 | 27.3 | 10.0 | 39.0 | 41.0 | 511.0 | 1.434 | 安全 |
| 22 | 27.3 | 10.0 | 0.39 | 40.0 | 470.0 | 1.418 | 安全 |
| 23* | 31.1 | 68.0 | 37.0 | 49.0 | 200.5 | 1.200 | 危险 |
| 24* | 25.0 | 55.0 | 36.0 | 44.5 | 299.0 | 1.550 | 安全 |
| 25* | 25.0 | 46.0 | 35.0 | 46.0 | 432.0 | 1.230 | 安全 |
| 26* | 20.0 | 20.0 | 36.0 | 45.0 | 50.0 | 0.960 | 危险 |
| 27* | 27.3 | 10.0 | 39.0 | 40.0 | 480.0 | 1.480 | 安全 |

注：标注 * 的样本为预测检验样本。

表 5-10　分类结果

| 编号 | 极限平衡法 | 聚类未确知综合识别算法 | Fisher 判别法 |
|---|---|---|---|
| 1 | 1 | 1 | 1 |
| 2 | 1 | 1 | 1 |
| 3 | 1 | 1 | 1 |
| 4 | 1 | 1 | 1 |
| 5 | 1 | 1 | 1 |
| 6 | 0 | 0 | 0 |
| 7 | 0 | 0 | 0 |
| 8 | 0 | 0 | 1 |
| 9 | 1 | 1 | 1 |
| 10 | 0 | 0 | 0 |
| 11 | 0 | 0 | 0 |
| 12 | 1 | 1 | 1 |

续表5-10

| 编号 | 极限平衡法 | 聚类未确知综合识别算法 | Fisher 判别法 |
|------|-----------|------------------------|--------------|
| 13 | 1 | 1 | 1 |
| 14 | 1 | 1 | 1 |
| 15 | 1 | 1 | 1 |
| 16 | 0 | 0 | 1 |
| 17 | 1 | 1 | 1 |
| 18 | 1 | 1 | 1 |
| 19 | 0 | 1 | 0 |
| 20 | 1 | 1 | 1 |
| 21 | 1 | 1 | 1 |
| 22 | 1 | 1 | 1 |
| 23* | 0 | 0 | 0 |
| 24* | 1 | 1 | 1 |
| 25* | 1 | 1 | 1 |
| 26* | 0 | 0 | 1 |
| 27* | 1 | 1 | 1 |

注：标注 * 的样本为预测检验样本。

表 5-11  组内协方差矩阵

| 变量 | $X_1$ | $X_2$ | $X_3$ | $X_4$ | $X_5$ | $X_6$ |
|------|-------|-------|-------|-------|-------|-------|
| $X_1$ | 14.9477 | 61.5262 | -0.6842 | 14.2214 | 378.9468 | -0.1632 |
| $X_2$ | 61.5262 | 577.0144 | 36.6476 | 94.1730 | 2388.6841 | -0.8838 |
| $X_3$ | -0.6842 | 36.6476 | 57.9538 | 9.1013 | -22.1805 | 0 |
| $X_4$ | 14.2214 | 94.1730 | 9.1013 | 55.5961 | 596.0439 | -0.1797 |
| $X_5$ | 378.9468 | 2388.6841 | -22.1805 | 596.0439 | 31965.7917 | -5.7261 |
| $X_6$ | -0.1632 | -0.8838 | 0 | -0.1797 | -5.7261 | 0.0047 |

表 5-12  总协方差矩阵

| 变量 | $X_1$ | $X_2$ | $X_3$ | $X_4$ | $X_5$ | $X_6$ |
|------|-------|-------|-------|-------|-------|-------|
| $X_1$ | 14.5026 | 61.4666 | 0.0143 | 14.6024 | 353.3863 | -0.1502 |
| $X_2$ | 61.4666 | 595.8130 | 47.1835 | 107.0398 | 2101.5939 | -0.7302 |
| $X_3$ | 0.0143 | 47.1835 | 59.2059 | 13.5563 | -78.2164 | 0.0348 |
| $X_4$ | 14.6024 | 107.0398 | 13.5563 | 60.0905 | 494.5926 | -0.1246 |
| $X_5$ | 353.3863 | 2101.5939 | -78.2164 | 494.5926 | 31666.0435 | -6.0755 |
| $X_6$ | -0.1502 | -0.7302 | 0.0348 | -0.1246 | -6.0755 | 0.0049 |

表 5-13  Fisher 判别特征向量、标准化系数和各类重心

| Fisher 判别特征向量 | | Fisher 判别标准化系数 | | | 各类重心 | |
|------|------|------|------|------|------|------|
| 变量 | $F_1$ | 变量 | $F_1$ | $D_2$ | 变量 | $F_1$ |
| $X_1$ | -0.0641 | $X_1$ | -0.2476 | 0.0613 | $X_1$ | 0.5054 |
| $X_2$ | -0.0273 | $X_2$ | -0.6553 | 0.4294 | $X_2$ | -1.0108 |
| $X_3$ | -0.0151 | $X_3$ | -0.1153 | 0.0133 | | |
| $X_4$ | -0.0719 | $X_4$ | -0.5357 | 0.2870 | | |
| $X_5$ | 0.0034 | $X_5$ | 0.6049 | 0.3659 | | |
| $X_6$ | -11.4625 | $X_6$ | -0.7849 | 0.6161 | | |
| 常数 | 8.4244 | | | | | |

表 5-14  Fisher 判别函数

| 组 | 常数 | $X_1$ | $X_2$ | $X_3$ | $X_4$ | $X_5$ | $X_6$ |
|----|------|-------|-------|-------|-------|-------|-------|
| 1 | -94.3399 | 4.1692 | -0.2709 | 0.6903 | 0.5736 | -0.0007 | 172.0819 |
| 2 | -107.494 | 4.2663 | -0.2296 | 0.7133 | 0.6825 | -0.0058 | 189.4604 |

由表 5-10 可以看出,聚类未确知综合识别算法和 Fisher 判别法的计算结果同极限平衡法基本相同,回判估计正确率都在 90% 以上,且预测样本正确性均较高。详细分析亦可以看出,三种方法有个别样本的判别结果不一致。对于不一致的样本,其中至少有两种是一致的,进一步说明这三种方法可以很好地相互验证,对于大型边坡,通过用多种方法比较分析,以至少两者一致的结果为准,聚

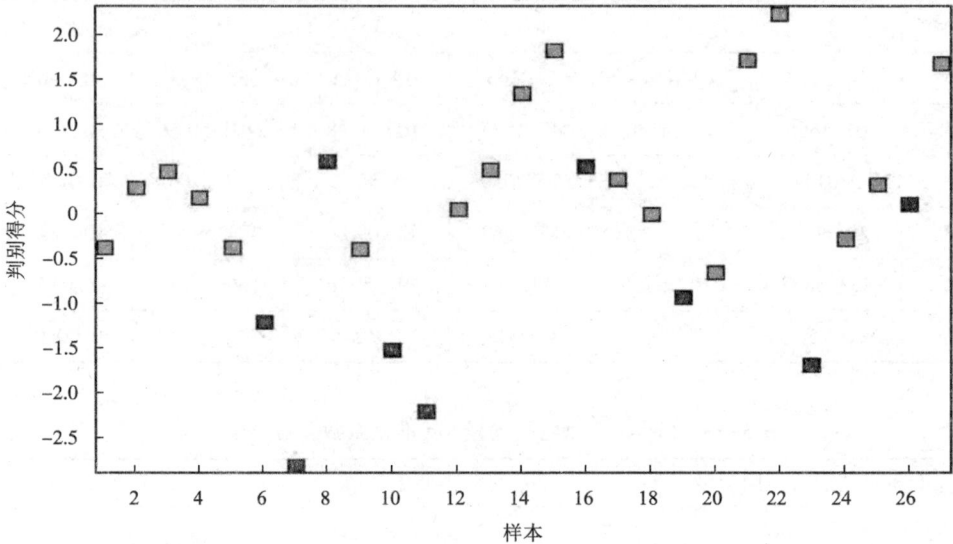

图 5-6　函数判别结果示意图

类未确知综合识别算法和 Fisher 判别法为边坡的稳定性分析提供了一种新的思路和有效分析途径。

## 5.4　本章小结

（1）本章通过动态聚类分析，取矿山边坡岩体的岩性特征、滑面特征、滑体大小、开采强度、爆破作用、后缘加载、水力侵蚀和设备活动 8 个指标，构建了边坡稳定性评价体系，采用未确知测度和 Fisher 判别原理建立了矿山边坡岩体稳定性评价模型，为矿山边坡工程提出了一种分析稳定评价的新方法。

（2）聚类未确知综合识别算法和 Fisher 判别法基于聚类算法、未确知测度方法和统计学方法，以工程类比的思想判断边坡稳定状态，通过矿山边坡工程实例分析和对比验证，表明这两种方法判别错误率低，精确度高。

（3）研究表明，聚类未确知综合识别算法和 Fisher 判别法不仅可用于矿山边坡工程稳定性评价，同时也可用于非矿山人工边坡工程。对于大型边坡工程，用多种方法比较分析，以至少两者一致的结果为准，这两种分析方法为边坡工程稳定性分析提供了一种有效分析途径。

# 第6章 矿山边坡岩体变形规律与安全预警系统研究

## 6.1 概述

矿山边坡工程中,由于岩体中存在着大量的断层、节理裂隙,岩体呈现出非连续性、非均质性和各向异性等特征。矿山边坡工程受开采强度、设计边坡角、地下水、地面降雨等因素影响,在边坡变形与破坏的研究中往往表现出复杂的力学行为。

为确保矿山安全生产,通常对露采边坡岩体的变形进行监测,而后根据监测数据研究和预测其稳定性。在对边坡工程岩体变形监测数据的时间序列分析中,大都用概率统计的分析方法[394~396],然而边坡工程岩体由初始变形发展到破坏性滑坡,是一个极其复杂的演化过程,且随着环境工程、地质条件等因素的变化,影响边坡岩体稳定性的各个因素处于动态变化过程之中(即动态演变),边坡岩体变形往往受不确定性的、内在或外在的随机因素影响,既呈现出确定性,同时又表现出随机性,这就是混沌现象[397~399]。

本章在德兴铜矿杨桃坞和石金岩两个重要边坡建立安全监测系统,并根据边坡岩体变形监测数据,用混沌理论分析边坡岩体的变形规律,建立边坡岩体变形的混沌神经网络预测模型,同时构建了露天矿开采岩体变形的安全预警系统,为矿山安全开采提供了技术保障。

## 6.2 边坡岩体变形监测

### 6.2.1 边坡监测仪器选择

德兴铜矿是亚洲最大的露天铜矿,年产量居中国第一、世界第二,目前已形成日处理矿石 10 万 t 的生产规模,约占全国铜产量的四分之一;同时年产黄金 5 t 多,白银 20 t 以上,也是中国第一大伴生金矿和伴生银矿。随着三期工程建设和挖潜改造工作的推进,铜厂矿区杨桃坞、水龙山、石金岩、黄牛前和西源岭开采阶段边坡已形成,且边坡暴露高度最高有 400 多米,根据设计,部分区域最终边坡高度将超过 700 m,其边坡范围与边坡高度在国内处于前列。在露天矿开采过程中,由于岩体自重应力、断层、节理等地质构造以及爆破震动、地下水等各因素的影响作用,部分区段的边坡已出现局部不稳定现象,对矿山安全生产构成威胁。为此,在德兴铜矿杨桃坞和石金岩边坡安装多点位移计对边坡进行安全监测,以实现矿山边坡安全预警,保障大型露天矿山安全生产。

针对德兴铜矿露天开采实际,边坡岩体监测方法有[400]:GPS 监测法,电子水准仪监测法,多点位移计监测法,合成孔径雷达干涉(INSAR)测量法,时域反射法等。GPS 技术是近年发展起来的高科技,具有数据获取速度快,数据处理及时,内容齐全,成果可靠,作业方法简单,且较常规方法成本低等优点,但测量精度有一定的限制。电子水准仪具有操作方便,高精度,数据获取速度快,数据可靠,成本低等优点,但测点埋设要求高,必须严格保护。多点位移计具有高灵敏度,高精度,高稳定性,温度影响小的优点,适用于长期观测,但施工比较复杂,技术要求比较高。

通过综合各种监测方法的优缺点,结合德兴铜矿实际,采用多点位移计监测边坡岩体变形。多点位移计的工作原理是,当岩体发生变形时,钻孔中各个锚固点发生位移,多点位移计传递杆将位移传到钻孔基准端,钻孔基准端与各测量点之间的位置变化量即为岩体变形量。

图 6-1 为多点位移计结构原理图。

### 6.2.2 边坡监测仪器安装

边坡岩体变形监测主要是为了实现两个目的:一是研究大型露天矿山边坡的岩体变形规律;二是建立边坡岩体变形安全预警系统,保障矿山开采的安全。根据德兴铜矿生产实际,在矿山的杨桃坞和石金岩两个重要边坡安装多点位移计对边坡岩体变形进行安全监测(图 6-2 所示)。

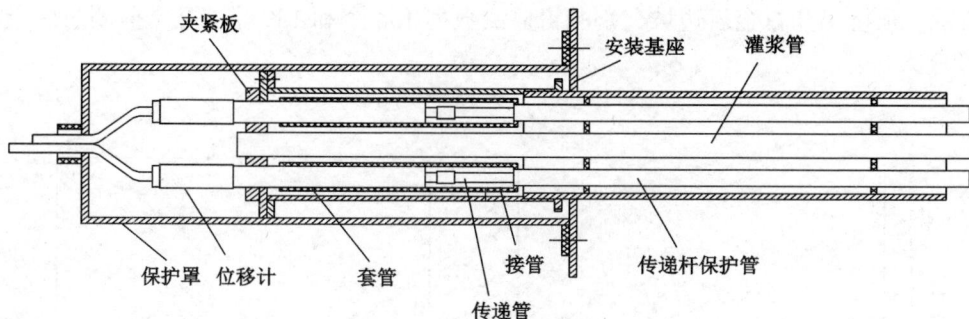

图 6-1　多点位移计结构图

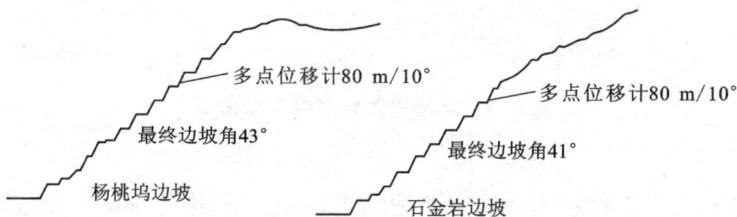

图 6-2　德兴铜矿杨桃坞和石金岩边坡多点位移计布置图

采用三点位移计，各点长度分别为 80 m，50 m 和 30 m，即测量边坡岩体从 30 m 至 80 m 的变形量。

多点位移计安装要求：①钻孔轴线的弯曲度不大于钻孔半径，否则影响传递效果，导致测量误差；②钻孔施工偏斜率小于 3°，施工孔深比最深测点深 1.0 m；③用水泥砂浆密封孔口；④注浆压力不低于 5 MPa。

多点位移计安装施工顺序：首先调整锚头，而后连接锚头和第一节传递杆，再用线将传递杆全部穿起来，最后连接小传感器。

## 6.2.3　边坡变形监测结果

位移计安装好后，开始测量边坡岩体变形量。每周对各点变形量测量 1 次，每个测点每次重复进行 3 次，取其平均值。多点位移计定点测量的是相对位移值，为了便于分析，将每支位移计测得的位移值除以其长度即得其单位长度的变形值（边坡岩体变形的应变值）。采用三点位移计，各点长度分别为 80 m，50 m 和 30 m，将各点测得的位移值分别除以 80 m，50 m 和 30 m，得出各点的应变值，而后取其平均值即得该测量点的平均应变值。

每周对德兴铜矿杨桃坞和石金岩边坡的变形量测量 1 次，测量结果如图 6-3 所示。杨桃坞和石金岩边坡分别测得监测数据 138 个和 139 个，至今监测时间近 1000 天。

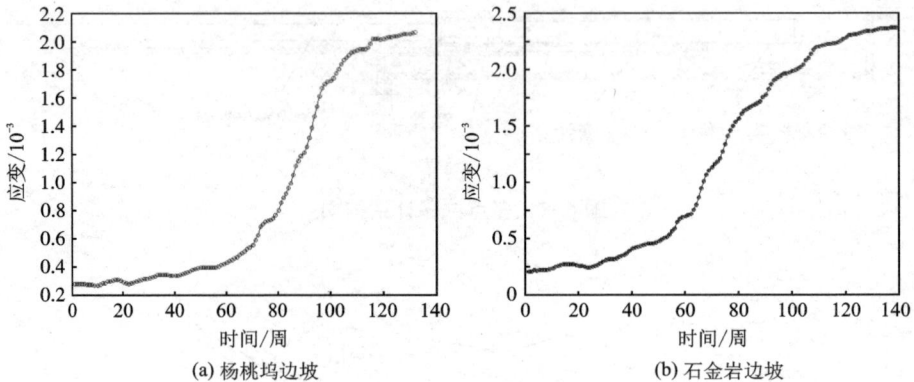

(a) 杨桃坞边坡　　　　　　(b) 石金岩边坡

图 6-3　边坡岩体变形量测量结果

杨桃坞和石金岩边坡岩体变形监测结果显示，前期(1~60 周)岩体变形量相对较小，60~120 周岩体变形量明显增大，此时边坡下部开挖强度增大，随着开挖逐渐远离监测点，岩体变形量又逐渐减小。

## 6.3　边坡岩体变形规律混沌研究原理

### 6.3.1　重构相空间与动力系统分形维数

露天矿山开采过程中，随着露天台阶开挖向最终边坡和深部推进，处于最终边坡角的上部岩石无时无刻地被扰动，不断产生变形。露天矿边坡岩体与外界不停地进行物质和能量交换，其变形的内在规律体现在对边坡岩体变形监测的时间序列数据中。

露天边坡是一非线性系统，其变形受多重因素影响，任一因素的变化均受其他因素的影响，它们之间相辅相成，形成一个复杂的系统[401]，边坡岩体的变形规律隐含在任意一个因素随时间的演化过程中。为了揭示边坡岩体的变形规律，重构一个等价空间，通过嵌入方式构造出一个与原系统等价的状态空间，并在该空间中恢复原动力系统，即重构时间状态相空间[402]。设矿山边坡岩体变形监测数

据为 $x_1$，$x_2$，$\cdots$，$x_n$，其时间间隔为 $\Delta t$。有人认为，单变量时间序列所提供的信息对于复杂系统的分析是有限的[403]。但研究表明[402]，用动力学方法可以揭示单变量时间序列参与系统动态变化过程的所有信息，分析边坡岩体变形的内在规律。

由于露天开采是一动态变化过程，其变形受岩体力学性质、节理裂隙、断层、地下水、爆破震动、开采强度等多因素影响，边坡岩体的变形过程十分复杂。虽然不能直接根据边坡岩体变形数据写出其动力学方程，但可以得出具有 $m$ 维变量 $x_i$ 随时间演化的力学方程[404]：

$$\mathrm{d}x_i/\mathrm{d}t = f_i(x_1, x_2, x_3, \cdots, x_m), \quad i = 1, 2, \cdots, m \tag{6-1}$$

式（6-1）反映了 $m$ 维非线性动力系统随时间的演化，经变换，可得一个 $m$ 阶微分方程[405]：

$$x^{(m)} = f(x, x', \cdots, x^{(m-1)}) \tag{6-2}$$

变换以后得出的动力系统为

$$X(t) = [x(t), x'(t), \cdots, x^{(m-1)}(t)]^{\mathrm{T}} \tag{6-3}$$

用不连续的时间序列 $x(t)$ 和 $m-1$ 个时滞变量来描述式（6-3），可得

$$x(t) = \{x(t), x(t+\tau), x(t+2\tau), \cdots, x[t+(m-1)\tau]\} \tag{6-4}$$

式中：$\tau$ 为时间参数，$\tau = k\Delta t (k = 1, 2, 3, \cdots, n)$，通常取 $\tau = 1$。

将数据 $\{x_i\}$ $(i = 1, 2, \cdots, n)$ 用一个固定时间间隔 $\tau$ 进行分析，即将 $x(t)$ 变换成 $m$ 维相空间，式（6-4）可写成：

$$
\begin{aligned}
X_1: \quad & x(t_1), x(t_1+\tau), x(t_1+2\tau), \cdots, x[t_1+(m-1)\tau] \\
X_2: \quad & x(t_2), x(t_2+\tau), x(t_2+2\tau), \cdots, x[t_2+(m-1)\tau] \\
X_3: \quad & x(t_3), x(t_3+\tau), x(t_3+2\tau), \cdots, x[t_3+(m-1)\tau] \\
& \vdots \\
X_N: \quad & x(t_N), x(t_N+\tau), x(t_N+2\tau), \cdots, x[t_N+(m-1)\tau]
\end{aligned} \tag{6-5}
$$

式中：$X(t_i)$ 为相空间中的一个相点，是一个 $m$ 维的矢量，相空间中每个相点 $X(t_i)$ 的坐标为 $\{x(t_i), x(t_i+\tau), \cdots, x[t_i+(m-1)\tau]\}$。

假设相空间中，相点总数有 $N$ 个，其中 $N = n - (m-1)$，$N$ 个 $m$ 维相点在相空间中分布，构成一个相型。边坡岩体变形监测数据 $x_1$，$x_2$，$\cdots$，$x_n$，重构相空间后，在相空间形成一系列相点 $X(t_i)$ $(i = 1, 2, \cdots, N)$，根据时间顺序，用直线连接各相点，得到边坡岩体变形相空间中的演化轨迹。

露天矿开采过程中，边坡岩体变形过程会伴随着能量释放。对于一个耗散系统而言，在演化过程中，其运动迹线最终会收敛到一个低维集合上[264]。如果系统运动轨迹呈混沌特征，其形状将是不规则的，并出现分形特性，因此称其为奇怪吸引子[406]。

吸引子的分形结构具有自相似的特征，分形维数描述了动力系统随时间演化的有效自由度，即在自相似的基础上，显示出奇怪吸引子的复杂程度[407]。

对于分形维数，在几何上可表示为

$$V \sim r^D \tag{6-6}$$

式中：$V$ 是测度，表示研究的区域；$r$ 为测量尺度。

关联维数 $D$ 为[408]

$$D = \lim_{r \to 0} \frac{\ln V}{\ln r} \tag{6-7}$$

式(6-7)表示集合的局部维数。

Grassberger 提出了对逐点分形维数求其算术平均值的计算方法[409]，假设 $\{X_i, i=1, 2, \cdots, N\}$ 为研究相空间中的 $N$ 个相点，设

$$C(r) = <\overline{B}_x(r)> = \frac{1}{2} \sum_{j=1}^{N} \overline{B}_{x_j}(r) \tag{6-8}$$

$$\overline{B}_{x_j}(r) \approx \frac{\{x_i : i \neq j \text{ 且 } |x_i - x_j| \leqslant r\}}{N-1} \tag{6-9}$$

式中：$N$ 表示相空间中满足条件（$|x_i - x_j| \leqslant r$）的相点数。

设两个相点 $X_i, X_j (i, j=1, 2, \cdots, N)$ 之间的距离为 $\rho(X_i, X_j)$，其表达式为

$$\rho(X_i, X_j) = \sqrt{\sum_{k=1}^{m} (x_{ik} - x_{jk})^2} \tag{6-10}$$

设 $N$ 个 $m$ 维相点的相空间中，两相点之间的距离小于 $r$ 的概率 $C_m(r)$ 为

$$C_m(r) = \frac{1}{N^2} \sum_{\substack{i, j=1 \\ i \neq j}}^{N} \theta[r - \rho(X_i, X_j)] \tag{6-11}$$

式中：$\theta$ 为 Heaviside 函数。

对于任意一个给定的正数 $r$（即临界距离），统计距离小于 $r$ 的关联向量，则系统关联维数 $D_2$ 可用下式计算：

$$D_2 = \lim_{r \to 0} \frac{\ln C_m(r)}{\ln r} \tag{6-12}$$

式(6-12)表明，计算 $\ln C_m(r)$ 与 $\ln r$ 构成的曲线斜率，则可求得系统在相空间演化轨迹的关联维数 $D_2$。

研究表明[410]，嵌入维数 $m$ 较小时，$D_2$ 随着 $m$ 增加而增大；$m$ 增加到一定时，$D_2$ 不再变化或变化非常小，此时的 $m$ 为系统的饱和嵌入维数，$D_2$ 即为重构动力系统的关联维数。

根据杨桃坞边坡岩体变形监测数据[图 6-3(a)]，取 $\tau=1$，用式(6-5)重构杨桃坞边坡变形数据相空间，用式(6-12)计算杨桃坞边坡岩体变形的关联维数，如图 6-4(a)所示。

（1）当 $m=2$ 时，重构边坡岩体变形监测数据的相空间，可得 137 个 2 维向量（$N=138-2+1$），用式（6-12）计算，得边坡岩体变形动力系统关联维数为 0.5541；

（2）当 $m=3$ 时，重构边坡岩体变形监测数据的相空间可得 136 个 3 维向量，边坡岩体变形动力系统关联维数为 0.8675；

（3）当 $m=4$ 时，重构边坡岩体变形监测数据的相空间，可得 135 个 4 维向量，边坡岩体变形动力系统关联维数为 1.1280；

（4）当 $m=5$ 时，重构边坡岩体变形监测数据的相空间，可得 134 个 5 维向量，边坡岩体变形动力系统关联维数为 1.1302；

（5）当 $m=6$ 时，重构边坡岩体变形监测数据的相空间，可得 133 个 6 维向量，边坡岩体变形动力系统关联维数为 1.1354；

（6）当 $m=7$ 时，重构边坡岩体变形监测数据的相空间，可得 132 个 7 维向量，边坡岩体变形动力系统关联维数为 1.1360。

从上述计算过程可看出，当系统嵌入维 $m \geqslant 4$ 后，边坡岩体变形动力系统关联维数 $D$ 变化非常小，$m=4$ 即为杨桃坞边坡岩体变形监测数据的饱和嵌入维数，杨桃坞边坡岩体变形动力系统关联维数 $D=1.1280$。

采用同样的计算方法和计算过程，根据石金岩边坡岩体变形监测数据［图 6-3(b)］，取 $\tau=1$，用式（6-5）重构石金岩边坡监测数据相空间，用式（6-12）计算石金岩边坡岩体变形动力系统关联维数［图 6-4(b)］。计算结果表明，系统嵌入维数 $m \geqslant 4$ 后，石金岩边坡岩体变形动力系统关联维数 $D$ 变化较小，$m=4$ 即为石金岩边坡岩体变形监测数据的饱和嵌入维数，系统关联维数 $D=1.3778$。

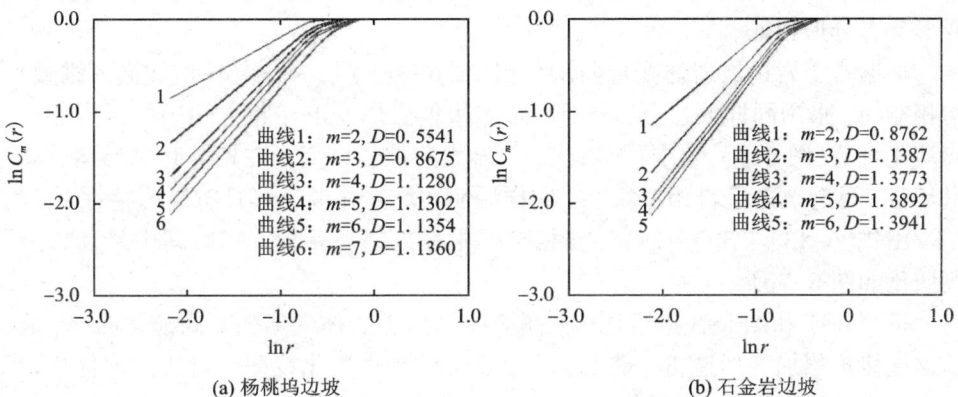

(a) 杨桃坞边坡　　　　　　　(b) 石金岩边坡

图 6-4　边坡岩体变形监测数据的关联维数计算

### 6.3.2 边坡岩体变形相空间最邻近点距离演变

对边坡岩体变形监测数据重构相空间，形成一个 $m$ 维相空间的相型。相空间内任意一点均表示边坡变形的一种状态。

对于 $t_k$ 时刻，考察一个参考相点 $X(t_k)$，它的最邻近点为 $X_{nbt}(t_i)$，$X_{nbt}(t_i)$ 与 $X(t_k)$ 的关系为

$$X_{nbt}(t_i) = \min[\ \|X(t_k) - X(t_i)\|\ ],\ i = 1, 2, \cdots, (N-1) \qquad (6-13)$$

假设在 $t_1$ 时刻，相空间中相点 $X(t_1)$ 的最邻近相点为 $X(t_{b1})$，$X(t_1)$ 与 $X(t_{b1})$ 间的距离 $Z_1$ 为

$$Z_1 = \{[x(t_1) - x(t_{b1})]^2 + [x(t_1-p) - x(t_{b1}-p)]^2 + \cdots$$
$$+ [x(t_1-(m-1)p) - x(t_{b1}-(m-1)p]^2\}^{1/2} \qquad (6-14)$$

同理，在 $t_2$ 时刻，设相空间相点 $X(t_2)$ 的最邻近相点为 $X(t_{b2})$，$X(t_2)$ 与 $X(t_{b2})$ 间的距离为 $Z_2$；依此类推，进行相应的计算，可得最邻近点的距离演化序列，设其为 $Z$：

$$Z = (Z_1, Z_2, \cdots, Z_j) \quad j = 1, \cdots, (N-m)+1 \qquad (6-15)$$

根据杨桃坞边坡岩体变形监测数据[图 6-3(a)]，取 $\tau = 1$，$m = 4$(饱和相空间)，用式(6-5)重构监测数据的相空间，相点在 4 维相空间($X(t)$，$X(t-1)$，$X(t-2)$，$X(t-3)$)中的二维轨迹演化如图 6-5 所示。

从杨桃坞边坡岩体变形在相空间中最邻近点距离演变的二维轨迹(图 6-5)可以看出，杨桃坞边坡岩体变形过程中，受多因素(开挖强度不均衡、爆破震动、降雨等)的影响，其变形表现出复杂的过程，在相空间中的运动轨迹呈环状，围绕一个吸引点呈周期性运动，且各环状的运动轨迹呈自相似特性，表明边坡岩体的变形具有分形特征。

根据石金岩边坡岩体变形监测数据[图 6-3(b)]，用 $m = 4$(饱和嵌入维数)重构相空间，采用同样的过程，分析石金岩边坡岩体变形在相空间中的最近邻点距离演化轨迹(图 6-6)。同样可看出，石金岩边坡岩体变形在相空间中的运动轨迹呈环状，运动轨迹呈自相似特性，同样说明边坡岩体的变形具有分形特性。

用式(6-13)~式(6-15)计算相空间中最近邻点距离，相空间中最邻近点距离演化如图 6-7 所示。

将图 6-7 和图 6-3 进行比较，图 6-3 为边坡岩体变形随时间演化曲线，岩体变形规律被累加变形掩盖，难以看出其变形的细小变化特征。对边坡岩体变形的时间序列重构相空间后(图 6-7)，可明显看出边坡岩体变形的细小变化特征。研究表明，采用重构相空间方法，能充分揭示边坡岩体变形的内在规律。

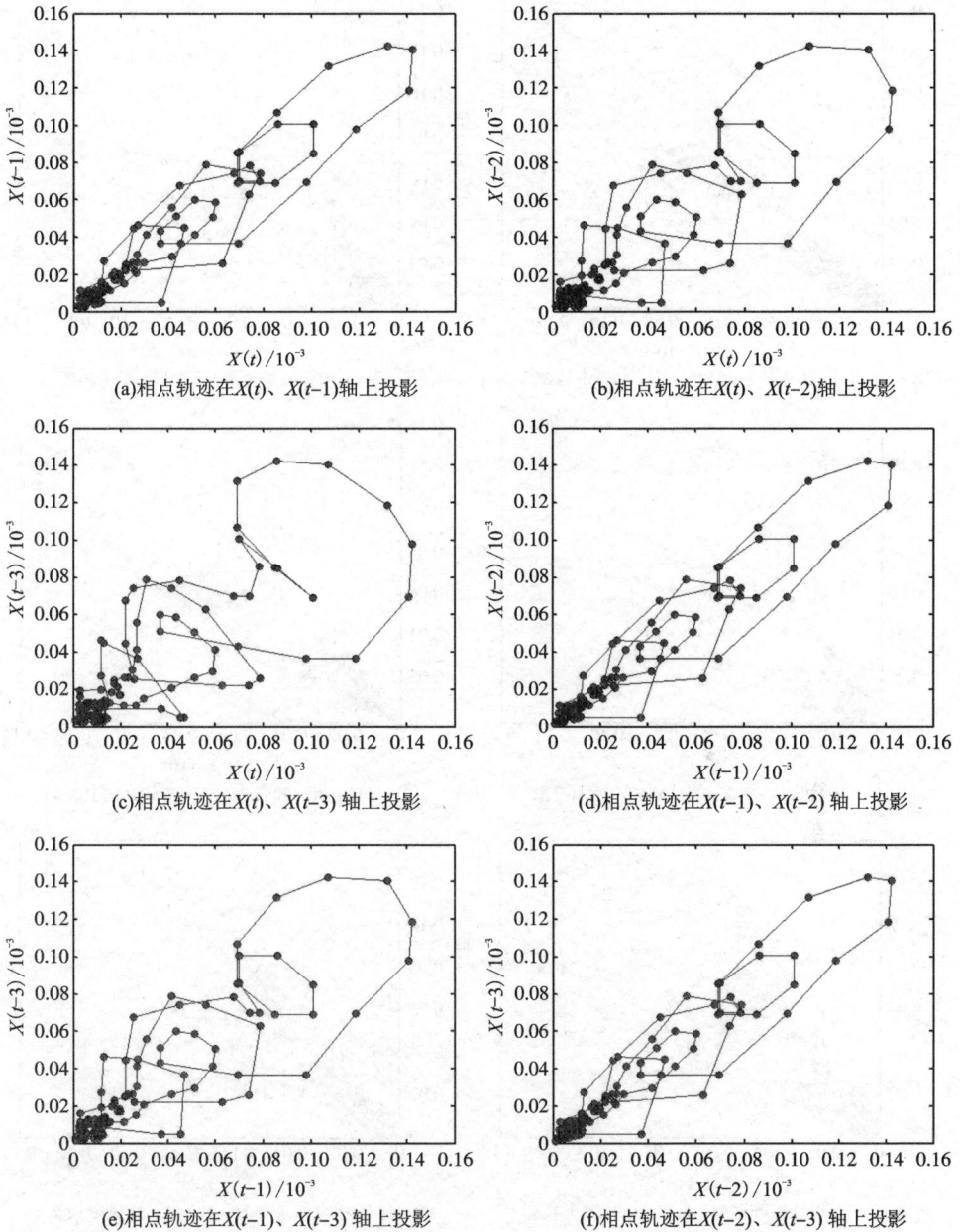

(a)相点轨迹在$X(t)$、$X(t-1)$轴上投影

(b)相点轨迹在$X(t)$、$X(t-2)$轴上投影

(c)相点轨迹在$X(t)$、$X(t-3)$轴上投影

(d)相点轨迹在$X(t-1)$、$X(t-2)$轴上投影

(e)相点轨迹在$X(t-1)$、$X(t-3)$轴上投影

(f)相点轨迹在$X(t-2)$、$X(t-3)$轴上投影

图 6-5　杨桃坞边坡岩体变形在相空间中最邻近点距离演变的二维轨迹图

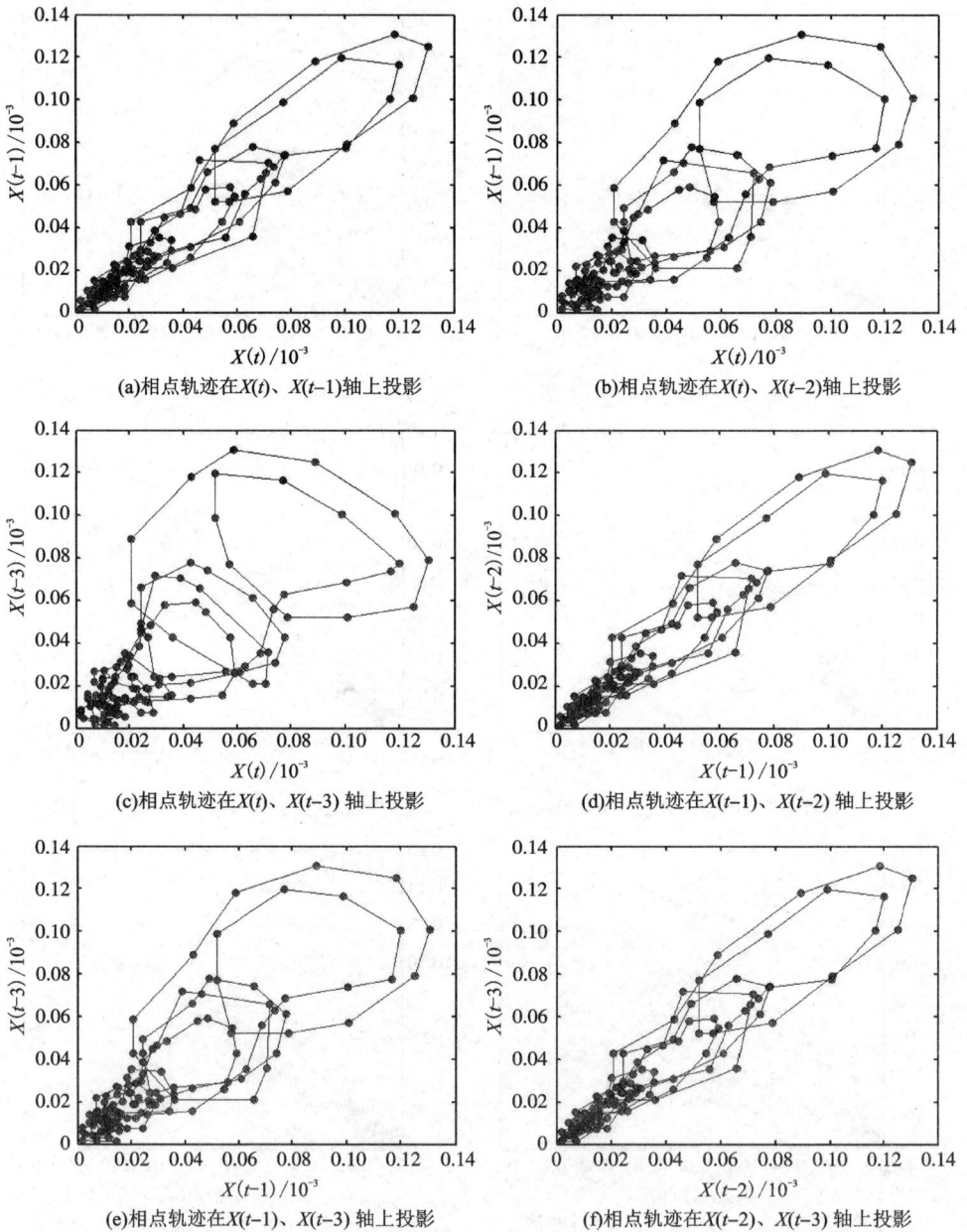

(a)相点轨迹在$X(t)$、$X(t-1)$轴上投影

(b)相点轨迹在$X(t)$、$X(t-2)$轴上投影

(c)相点轨迹在$X(t)$、$X(t-3)$轴上投影

(d)相点轨迹在$X(t-1)$、$X(t-2)$轴上投影

(e)相点轨迹在$X(t-1)$、$X(t-3)$轴上投影

(f)相点轨迹在$X(t-2)$、$X(t-3)$轴上投影

图6-6　石金岩边坡岩体变形在相空间中最邻近点距离演变的二维轨迹图

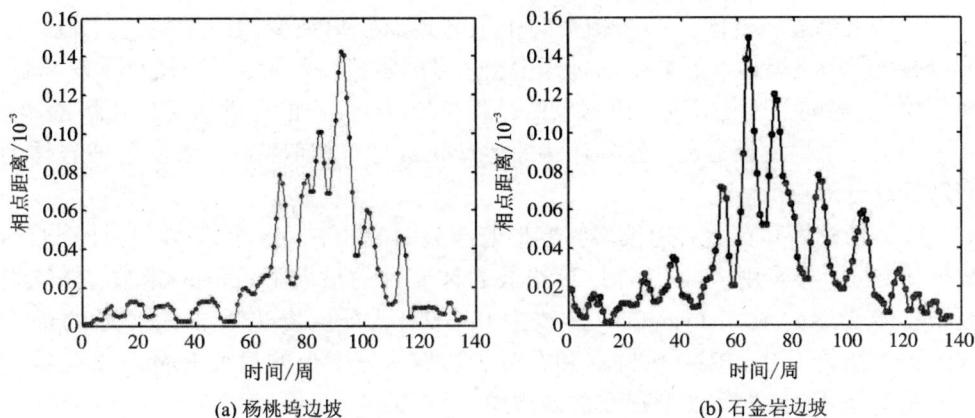

(a) 杨桃坞边坡　　　　　　　　　(b) 石金岩边坡

图 6-7　边坡岩体变形在相空间中最邻近点距离随时间演变图

### 6.3.3　边坡岩体变形的混沌识别

混沌理论研究表明，对于一个开放、远离平衡或演化呈非线性的系统，均有可能呈现混沌特征[380]。通常用 Lyapunov 指数(设其为 $\lambda$ )来表征非线性系统在相空间中轨迹呈收缩状态或扩张状态，当 $\lambda < 0$ 时，系统在相空间的演化过程中，其运动轨线收缩，对初始条件的细微变化不会产生敏感；$\lambda \geqslant 0$ 时，其运动轨迹不稳定，对初始条件(或初始值)的细微变化极其敏感[380]。

$m$ 维非线性动力系统中，存在 $m$ 个 Lyapunov 指数 $\lambda_i (i = 1, 2, \cdots, m)$ ，非线性系统产生混沌的必要条件为[380]：其中最大的一个指数 $\lambda_{max} \geqslant 0$ 。

根据国内外混沌理论研究成果，可用相图法，频谱分析法，熵法，代替数据法，功率谱法，关联指数饱和法，Wolf 法，关联维数法等判断非线性系统是否存在混沌现象。通过对比分析各种方法的优点和缺点，本节采用 Wolf 法计算边坡岩体变形的最大 Lyapunov 指数[380, 411]，其计算原理如下：

对一时间序列重构相空间，设其相点为 $X(t_i)$ $(i = 1, 2, 3, \cdots, N)$，取一个初始点 $X(t_1)$，假设它与最邻近点 $X_0(t_0)$ 距离为 $L_0$；至 $t_1$ 时刻，它与最邻近点的间距超过某一设定值 $\varepsilon$，即 $L'_0 = |X(t_1) - X(t_0)| > \varepsilon$，记住相点 $X(t_1)$，并在相点 $X(t_1)$ 的邻近再找一个相点 $X_1(t_1)$，使 $L'_1 = |X(t_1) - X_1(t_1)| < \varepsilon$，且 $X_0(t_1) - X(t_1)$ 与 $X_1(t_1) - X(t_1)$ 之间夹角尽可能小；用同样的方法重复上述计算过程，即进行同样的搜索，直至搜索至相空间终点。上述方法确定非线性系统最大 Lyapunov 指数 $\lambda_{max}$，其计算公式如下：

$$\lambda_{max} = \frac{1}{t_M - t_0} \sum_{i=1}^{m} \ln \frac{L'_i}{L_i} \qquad (6-16)$$

式中：$M$ 为追踪相点最近邻点距离演化过程中总的迭代数。

从杨桃坞边坡岩体变形在相空间中最邻近点距离演变的二维轨迹（图 6-5）可以看出，杨桃坞边坡岩体变形过程中，受多因素（开挖强度不均衡、爆破震动、降雨等）的影响，其变形表现出复杂的过程，在相空间中的运动轨迹呈环状，围绕一个吸引点呈周期性运动，且各环状的运动轨迹呈自相似特性，表明边坡岩体的变形具有分形特征。

根据杨桃坞和石金岩边坡岩体变形监测数据（图 6-3），用式（6-5）计算监测数据相空间，再采用式（6-16）计算边坡岩体变形的最大 Lyapunov 指数，杨桃坞边坡岩体变形的最大 Lyapunov 指数为 0.00241，石金岩边坡岩体变形的最大 Lyapunov 指数为 0.0172，杨桃坞和石金岩边坡岩体变形的最大 Lyapunov 指数均大于零，说明边坡岩体变形存在混沌现象。

### 6.3.4　边坡岩体变形影响因素的确定性检验

边坡工程岩体变形的影响因素很多，既有特定的、确定性的因素，也有完全随机的或不能发现的影响因素，有必要对其变形的影响因素进行确定性检验。

基于原理[380]：对于一个连续的映射，靠在一起的相点，映射后仍然会靠在一起。因此可用映射原理对边坡岩体变形的影响因素进行确定性检验。

设 $Z_1$，$Z_2$，$Z_3$，$\cdots$，$Z_k$ 为相空间中其 $k$ 个最近邻点，$S_1$，$S_2$，$S_3$，$\cdots$，$S_k$ 是其对应的映射值，映射的传递向量 $V_j$ 可表示为[380]

$$V_j = Z_j - S_j \tag{6-17}$$

其传递的误差为 $E_{trans}$：

$$E_{trans} = \frac{1}{k+1} \sum_{j=1}^{k} \frac{|Z_{jj} - <V>|}{|<V>|} \tag{6-18}$$

式中：$<V>$ 为传递向量 $V$ 的平均值。

如果边坡岩体变形的影响因素是确定性的，其传递误差 $E_{trans}$ 应当很小。

采用杨桃坞和石金岩边坡岩体变形监测数据（图 6-3），根据式（6-5）计算监测数据相空间，用式（6-15）得出相空间中最邻近点距离演化时间序列 $Z$，再用式（6-17）和式（6-18）计算边坡岩体变形演化的误差传递函数 $E_{trans}$。杨桃坞边坡岩体变形时间序列的误差传递函数 $E_{trans}$ 为 0.0891，石金岩边坡岩体变形时间序列的误差传递函数 $E_{trans}$ 为 0.0963。

杨桃坞和石金岩边坡岩体变形监测数据的确定性检验结果表明，边坡岩体变形是受其内在确定性动力学机制所支配，其变形特征反映了岩体自身力学性质，其变形是边坡工程固有影响因素对边坡岩体综合作用的结果。

## 6.4　边坡岩体变形的混沌神经网络预测

### 6.4.1　混沌神经网络原理

　　神经网络的训练与学习是从输入空间至输出空间的一种非线性映射函数的形成过程，输入变量与输出变量之间的联系通过神经网络的权值与存储得以体现，因此可采用神经网络方法建立边坡岩体变形的复杂非线性函数，进而预测边坡岩体的变形。

　　神经网络模型如图 6-8 所示，其表示式为[412]

$$X(t+1) = f[[W]X(t) - \theta] \tag{6-19}$$

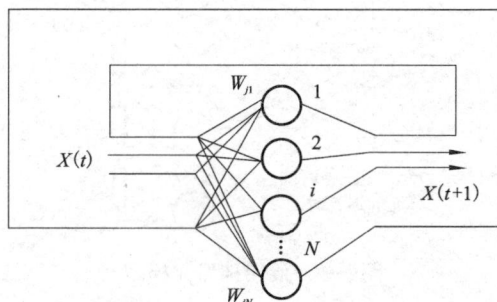

图 6-8　正向反馈神经网络模型

式中：$X(t+1)$ 为神经网络的输出变量；$W$ 为神经网络权值；$X(t)$ 为神经网络的输入变量；$\theta$ 为神经网络的存储。其中：

$$[W] = \begin{bmatrix} W_{11} & W_{12} & \cdots & W_{1N} \\ W_{21} & W_{22} & \cdots & W_{2N} \\ \vdots & \vdots & \vdots & \vdots \\ W_{N1} & W_{N2} & \cdots & W_{NN} \end{bmatrix} \tag{6-20}$$

$$\theta = [\theta_1, \theta_2, \cdots, \theta_N]^T \tag{6-21}$$

$$X(t) = [x_0, x_1, \cdots, x_{n-1}]^T \tag{6-22}$$

　　式 (6-19) 中，时间变量 $t$ 是离散值，$t = 0, 1, 2, \cdots, (N-1)$；函数 $f$ 是 sigmoid 函数。式 (6-19) 表明，一旦给定了神经网络的权值 $[W]$，便可通过函数 $f(\cdot)$ 计算，得出预测值，用 $T_W[\cdot]$ 非线性算子表示为[413]

$$X(t+1) = T_W[X(t)] \tag{6-23}$$

式(6-23)是从 $t$ 时刻的状态计算 $(t+1)$ 时刻的状态,因此神经网络在 $X$ 空间的变化可用动力系统在 $X$ 空间的轨迹来描述,这些轨线即为动力系统在相空间中的演化相图。

如果动力系统在相空间的演化过程中,经历 $k$ 个状态后,又回到 $X(0)$ 附近,其运动的轨迹在相空间中形成一个环,其运动的周期为 $k$。

根据以上原理,可应用混沌神经元模型,根据 $t$ 时刻前的 $m$ 个初始值预测系统在 $(t+1)$ 时刻的输出值[414],如图6-9所示。

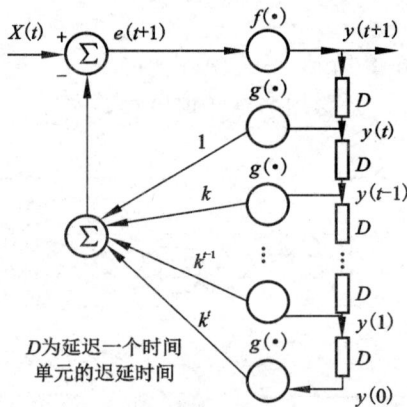

图6-9 混沌神经元模型

根据式(6-19),可得其非线性方程:

$$e(t+1) = x(t) - \alpha[g(y(t)) + kg(y(t-1)) + k^2 g(y(t-2)) + \cdots$$
$$+ k^{t-1} g(y(1)) + k^t g(y(0))] - \theta \tag{6-24}$$

式中:$\theta$ 为混沌神经元触发的门限值;$\alpha$ 为常数。

进而可得出

$$e(t+1) = x(t) - \alpha \sum_{j=0}^{t} k^j g[y(t-j)] - \theta \tag{6-25}$$

$$y(t+1) = f[e(t+1)] \tag{6-26}$$

将式(6-25)进行转化,得

$$e(t) = x(t-1) - \alpha[g(y(t-1)) + kg(y(t-2)) + \cdots + k^{t-2} g(y(1)) + k^{t-1} g(y(0))] - \theta \tag{6-27}$$

$$e(t+1) = x(t) - \alpha g[f(e(t))] + kg[y(t-1)] + \cdots + k^{t-2} g[y(1)] + k^{t-1} g[y(0)] - \theta \tag{6-28}$$

化简得

$$e(t+1) = ke(t) - \alpha g[f(e(t))] + x'(t) \tag{6-29}$$

式中：

$$x'(t) = x(t) - kx(t-1) - \theta(1-k) \tag{6-30}$$

将式（6-29）代入到式（6-26），得

$$y(t+1) = f\{ke(t) - \alpha g[f(e(t))] + x'(t)\} \tag{6-31}$$

式（6-31）是混沌神经元的数学模型，用其可实现混沌时间序列参数的预测。

混沌神经网络描述了复杂非线性的动力学行为，对混沌时间序列参数的预测通常采用径向基函数来实现，其预测原理如下[415, 416]。

假设 $\{x_1, x_2, \cdots, x_n\}$ 为要研究的一组离散时间序列，采用重构相空间原理，可求得其饱和嵌入维数 $m$，由 Takens 嵌入定理可知，对于任何一个映射，

$$x_{(n+1)} = f(x_n, x_{n-1}, \cdots, x_{(n-m+1)}) \tag{6-32}$$

必然存在一个光滑映射 $f$，$R^0 \to R$ 满足

$$\hat{f}(x_n, x_{(n-1)}, \cdots, x_{(n-m+1)}) = x_{(n+1)} \tag{6-33}$$

并使得

$$\max |\hat{f}(x_n, x_{(n-1)}, \cdots, x_{(n-m+1)}) - f(x_n, x_{(n-1)}, \cdots, x_{(n-m+1)})| < \varepsilon \tag{6-34}$$

式中：$\varepsilon$ 为一小的正实数。

$\hat{f}$ 为混沌吸引域内的未知映射。

对于混沌时序参数，设其饱和嵌入维数为 $m$，因此混沌神经网络的输入与输出神经元个数分别为 $m$ 和 1。$x_{(n+1)}$ 为预测值，它是以当前相点位置为基础数据预测相点下一时刻的相点位置，显然其不适合于长期预测。

前面的研究结果表明，杨桃坞和石金岩边坡岩体变形呈现出混沌现象，监测数据的饱和嵌入维数均为 4。用杨桃坞和石金岩边坡岩体变形监测数据可建立边坡岩体变形的径向基函数混沌神经网络模型。

## 6.4.2　边坡岩体变形的径向基函数混沌神经网络预测模型

### 6.4.2.1　杨桃坞边坡岩体变形的径向基函数混沌神经网络预测模型

根据杨桃坞边坡岩体变形监测数据[图 6-3（a）]，径向基函数网络模型中的输入神经元个数为 4，输出神经元的个数为 1。用 1～125 周边坡岩体变形监测数据重构相空间，得到 122 个 4 维数组，作为训练混沌神经网络的输入，5～126 周边坡岩体变形监测数据作为训练径向基函数混沌神经网络的目标数据，127～138 周边坡岩体变形监测数据用于检验神经网络的预测精确度。神经网络训练前，必须对输入和输出数据进行归一化处理，使其值在（0，1）范围内。让径向基函数混沌神经网络训练迭代 5500 次（图 6-10），最终误差均方值为 0.0642。

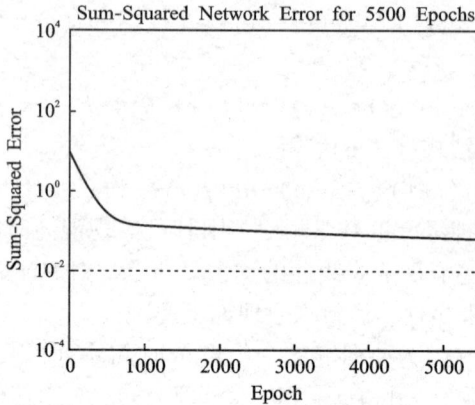

**图 6-10　径向基函数混沌神经网络训练次数与误差均方值的关系**

神经网络模型的权值：

$$W_1 = \begin{bmatrix} -3.1682 & -5.7957 & -7.1251 & 9.9461 \\ 0.4880 & 7.7505 & 8.7600 & -7.4859 \\ -11.4359 & 1.5816 & 7.6576 & -1.6038 \\ -6.7942 & 8.9953 & -5.0582 & 6.4164 \\ 0.4989 & -4.6887 & 6.7793 & 11.0889 \\ 9.8299 & -6.8888 & -6.2693 & -3.2296 \\ -6.6100 & 1.6942 & 3.8441 & 11.4365 \\ -11.5422 & 6.8721 & 3.6464 & 0.9024 \\ -7.8371 & 6.8351 & 6.2066 & 6.8570 \\ -11.4157 & 7.9721 & 0.4387 & -0.5158 \end{bmatrix}$$

$W_2 = [-0.2711\ 0.2385\ -1.0370\ 0.7094\ 0.2858\ -0.0650\ 0.3852\ -1.3929$

　　　$-0.0865\ 0.2634]$

存储：

$b_1 = [0.5556; -1.6851; -0.4881; 0.6695; -1.0162; 1.3845; -0.7574;$

　　　$-1.2856; -0.6916; 0.3366]$

$b_2 = 0.2785$

径向基函数混沌神经网络模型训练完成后，形成 $x_{(n+1)} = f(x_n, x_{n-1}, \cdots,$ $x_{(n-m+1)})$ 的函数，可根据边坡岩体前期变形监测数据预测后期变形趋势。即输入 122、123、124、125 周变形数据可预测出 126 周变形数据；输入 123、124、125、126 周数据可预测出 127 周变形数据；依此类推。杨桃坞边坡岩体变形 126~138 周预测变形曲线与实测变形曲线对比如图 6-11 所示。

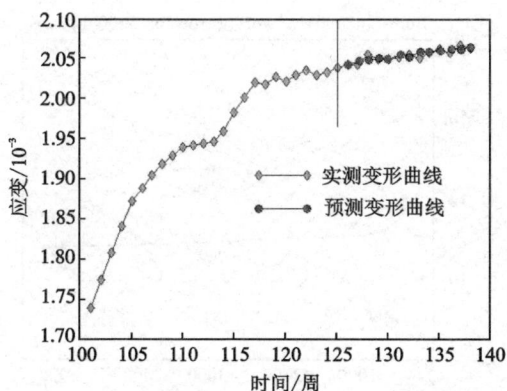

图 6-11　杨桃坞边坡岩体变形 126~138 周预测与实测曲线对比

杨桃坞边坡岩体在 127~138 周的变形数据未参与神经网络训练，从图 6-11 可以看出，预测结果与实测结果吻合，预测误差如表 6-1 所示。表 6-1 计算结果表明，边坡岩体变形的最大误差 3.41%，平均误差 1.86%，具有较高的预测精度。

表 6-1　杨桃坞边坡岩体变形预测及误差计算

| 时间/周 | 127 | 128 | 129 | 130 | 131 | 132 | 133 | 135 | 136 | 138 |
|---|---|---|---|---|---|---|---|---|---|---|
| 实测变形 /($10^{-3}$ m·m$^{-1}$) | 2.044 | 2.056 | 2.051 | 2.05 | 2.053 | 2.057 | 2.051 | 2.063 | 2.059 | 2.064 |
| 预测变形 /($10^{-3}$ m·m$^{-1}$) | 2.068 | 2.022 | 2.061 | 2.06 | 2.080 | 2.042 | 2.043 | 2.043 | 2.031 | 2.070 |
| 误差/% | 2.41 | 3.41 | 1.04 | 1.26 | 2.73 | 1.48 | 0.81 | 2.06 | 2.78 | 0.61 |

### 6.4.2.2　石金岩边坡岩体变形径向基函数混沌神经网络预测模型

采用石金岩边坡岩体变形 1~125 周边坡岩体变形监测数据［图 6-3(b)］重构相空间，得 122 个 4 维数组，作为训练混沌神经网络的输入，5~126 周边坡变形监测数据作为训练径向基函数混沌神经网络的目标数据，127~139 周边坡变形监测数据用于检验神经网络的预测精确度。神经网络训练前，先对输入和输出数据进行归一化处理。让径向基函数混沌神经网络训练迭代 5500 次(图 6-12)，最终误差均方值为 0.0499。

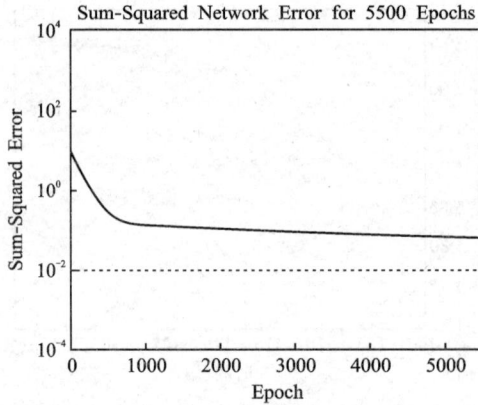

**图 6-12　径向基函数混沌神经网络训练次数与误均方值的关系**

神经网络模型的权值：

$$W_1 = \begin{bmatrix} 10.3902 & 1.5181 & -4.1433 & -1.6160 \\ 1.4594 & -6.9085 & -3.3317 & -8.2605 \\ -7.7665 & 6.0610 & -6.1226 & 0.0828 \\ -5.2944 & 4.7593 & 5.7633 & -6.9950 \\ 4.1692 & 4.0697 & 7.7803 & 6.1433 \\ 3.0302 & -9.3426 & 5.5974 & -2.1425 \\ -4.4292 & 6.3671 & -3.8630 & -7.3952 \\ -1.7788 & 5.2460 & 7.0704 & -7.1767 \\ -5.7756 & -0.4732 & -8.7872 & 4.5634 \\ 10.7438 & 0.0752 & 1.4732 & 3.6230 \end{bmatrix}$$

$$W_2 = [\,-0.9160 \;\; -0.8215 \;\; -1.5454 \;\; -0.7308 \;\; -0.3397 \;\; 0.0786 \;\; 0.5519 \;\; -0.4949$$
$$0.2669 \;\; 0.4046\,]$$

存储：

$$b_1 = [\,-2.2064;\; 3.2442;\; 0.3795;\; -0.0724;\; -3.9124;\; 1.3562;\; 2.8420;$$
$$-1.8138;\; 1.7936;\; -3.4895\,]$$

$$b_2 = 1.1253$$

径向基函数混沌神经网络模型训练完成后，可根据边坡岩体前期变形监测数据预测后期变形趋势。石金岩边坡岩体变形 126~139 周预测变形曲线与实测变形曲线对比如图 6-13 所示。

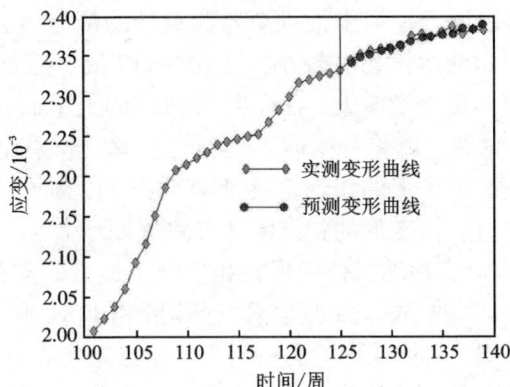

**图 6-13　石金岩边坡岩体变形 127~139 周预测与实测曲线对比**

石金岩边坡岩体在 127~139 周的变形数据未参与神经网络训练,从图 6-13 可以看出,预测结果与实测结果吻合,预测误差如表 6-2 所示。表 6-2 算结果表明,边坡岩体变形的最大误差 3.65%,平均误差 1.81%,预测精度较高。

**表 6-2　石金岩边坡岩体变形预测及误差计算**

| 时间/周 | 127 | 128 | 129 | 130 | 131 | 132 | 133 | 134 | 135 | 139 |
|---|---|---|---|---|---|---|---|---|---|---|
| 实测变形 /($10^{-3}$ m·m$^{-1}$) | 2.352 | 2.357 | 2.359 | 2.359 | 2.362 | 2.376 | 2.378 | 2.375 | 2.381 | 2.383 |
| 预测变形 /($10^{-3}$ m·m$^{-1}$) | 2.344 | 2.329 | 2.338 | 2.372 | 2.375 | 2.340 | 2.387 | 2.380 | 2.363 | 2.418 |
| 误差/% | 0.81 | 2.87 | 2.17 | 1.26 | 1.31 | 3.65 | 0.85 | 0.42 | 1.76 | 3.51 |

## 6.5　边坡岩体变形安全预警系统研究

### 6.5.1　边坡岩体变形监测信号特征分析

从图 6-7(a)"杨桃坞边坡岩体变形在相空间中最近邻点距离随时间演变"可以看出:前期 1~60 周,边坡岩体变形量相对较小,相点距离不超过 0.02 mm/m;60~117 周岩体变形量明显增大,相点距离在 0.02~0.15 mm/m 范围内波动;但随后的117~138周岩体变形的相点距离又逐渐减小至0.02 mm/m以下。分析其原因，前期1~60周边坡开挖尚未推进至监测点处的最终边坡境界，露采开挖对边坡的影响较小，因而变形量相对较小；在61~117周，随着边坡开挖向最终边坡境界推进，岩体变形量逐渐增大，且产生"剧烈"的上下起伏变形，是受开挖强烈扰动所致；118~138周，露采开挖向下部新台转移，开采作业点离最终边坡境界较远，监测点边坡岩体变形的相点距逐渐减小；可以预见，随着下部台阶开挖向最终边坡推进，边坡岩体变形的相点距离又将逐渐增大。

从图6-7(b)"石金岩边坡岩体变形在相空间中最近邻点距离随时间演变"同样可以看出，前期1~23周，边坡岩体变形量相对较小，相点距离不超过0.02 mm/m；23~40周，岩体变形量有所增大，相点距离在0.02~0.04 mm/m范围内波动；41~50周，边坡岩体的变形量有所减小，相点距离在0.01~0.03 mm/m范围变化；51~120周岩体变形量明显增大，相点距离在0.03~0.15 mm/m范围内剧烈波动；在随后的121~139周，岩体变形的相点距离又逐渐减小至0.02 mm/m以下。分析其原因，1~23周，边坡开挖离最终边坡境界尚远，岩体变形量相对较小；23~40周，露天开采强度有所增加，岩体变形量有所增大；41~50周，受矿山品位调节的影响，该边坡下方基本未生产，变形量较小；51~120周，随着边坡开挖靠近最终边坡境界，岩体变形量又逐渐增大，并产生剧烈的上下起伏变形，是该边坡集中高强度开挖且受强降雨的影响所致；121~139周，随着下部新台开挖，开采作业点远离最终边坡境界，监测点边坡岩体变形的相点距又逐渐减小。

以上分析表明，边坡岩体的变形是露天开挖过程的综合反映，露天开挖地点、开采强度影响着边坡岩体的变形。对边坡岩体变形监测数据重构相空间后，岩体变形的细微变化特征被"放大"，用边坡岩体变形的重构相空间技术可以评价露天开采矿边坡岩体变形的"剧烈"程度，实现露天开采矿边坡稳定性安全预警。

### 6.5.2 露天开采矿边坡稳定性安全预警系统建立

露天开采边坡岩体变形监测数据重构相空间后，其相点距离演化规律的研究结果表明，相点距离越大，边坡岩体变形越剧烈，表明边坡稳定性越差，也就越危险。

杨桃坞和石金岩边坡重构相空间后，相点距离在0~0.16 mm/m范围内变化。

综合分析监测数据，界定边坡岩体变形的相点距离 $Z \geqslant 0.15$ mm/m 时，为红色预警区。此时岩体变形剧烈，表明边坡岩体危险，且随着变形量的加剧，极有可能产生滑坡，露天采场下部的人员应全部撤离。

界定边坡岩体变形的相点距离 $0.10$ mm$>Z>0.15$ mm/m 时，为橙色预警区。此时边坡岩体变形量相对较大，有可能会出现滑坡的险情，应当增加边坡岩体的监测频率,并及时进行预测预报,找出原因,采取相应的对策和措施。

界定边坡岩体变形的相点距离 0.05 mm/m>$Z$≥0.10 mm/m 时,为正常变形区。此时边坡岩体是安全的,按正常的监测程序进行监测即可。

界定边坡岩体变形的相点距离 $Z$≤0.05 mm/m 时,为微变形区。此时可以适当延长监测时间,以降低监测的工作量,节省监测成本。

下式为边坡岩体变形的相点距离 $Z$ 的大小与其所处预警区域的关系:

$$Z = \begin{cases} 0 \sim 0.05 \text{ mm} & \text{微变形区} \\ 0.05 \sim 0.10 \text{ mm} & \text{正常变形区} \\ 0.10 \sim 0.15 \text{ mm} & \text{橙色预警区} \\ \geq 0.15 \text{ mm} & \text{红色预警区} \end{cases} \quad (6\text{-}40)$$

以上述界定为原则,杨桃坞和石金岩边坡岩体变形监测数据重构相空间后,根据相点最近邻点距离演化规律建立的杨桃坞和石金岩边坡岩体变形安全预警系统如图 6-14 所示。

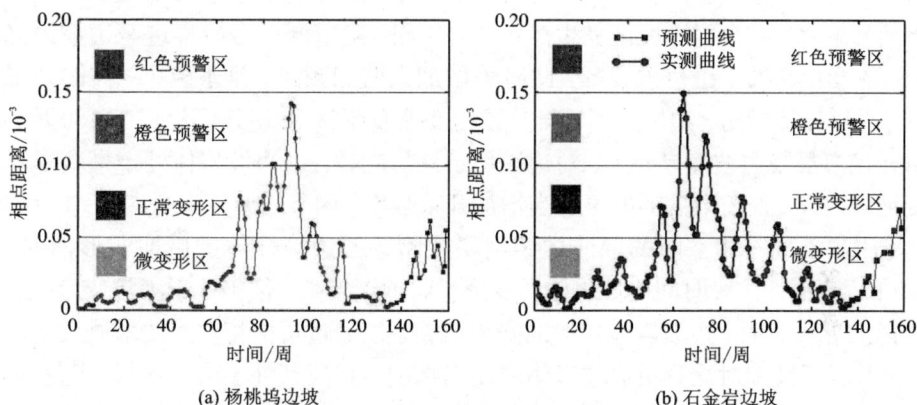

(a) 杨桃坞边坡　　　　　　　　(b) 石金岩边坡

图 6-14　边坡岩体变形安全预警系统

杨桃坞边坡岩体变形的安全预警系统显示[图 6-14(a)],1~69 周,边坡岩体变形的相点距离≤0.05 mm/m,处于微变形区,变形量相对较小,表明露天开采对边坡岩体稳定性影响较小,可以减少监测频率,延长监测时间,同时也表明露天开挖对边坡稳定性影响较小,可适当增大开挖强度,实现矿山增产;70~86 周,边坡岩体变形的相点距离在 0.05 至 0.10 mm/m 变化,虽然变形量较前期有所增大,但仍处于正常变形区,按正常的监测程序进行监测;87~92 周,露天开采推进至边坡境界,边坡岩体变形的相点距离在 0.10 至 0.15 mm/m 变化,处于橙色预警区,此时必须加强对边坡岩体的监测,增加监测频率,及时预测下一步岩体的变形量,并采取减小开挖强度,降低爆破单响药等方式控制边坡岩体的变形；由于采取了适当的措施，93~101 周，边坡岩体处于正常变形区；随着上部台阶推进至开采境界和下部新台阶开挖，102~138 周，露天开采对最终边坡境界的岩体扰动小，边坡岩体又回到微变形区；对 139~159 周岩体变形采用基于重构相空间的混沌神经网络进行预测，预测结果显示，该段时间岩体变形介于微变形区与正常变形区之间，边坡岩体处于稳定状态。

石金岩边坡岩体变形的安全预警系统显示[图 6-14(b)]，1~54 周，边坡岩体变形的相点距离<0.05 mm/m，处于微变形区，变形量相对较小，表明露天开采对边坡岩体稳定性影响较小，边坡处于安全状态，此时可以延长监测时间，以降低监测成本；55~61 周，边坡岩体变形在微变形区与正常变形区之间，此时可按正常的监测程序进行监测，边坡岩体无异常变形，处于微变区间可适当增加开挖强度，实现矿山增产；62 周开始，受地区强降雨的影响，边坡岩体变形的相点距离较 61 周突然增大，63 周边坡岩体变形进入橙色预警区，64 周边坡岩体的变形接近于红预警区，此时采取了人员设备全部撤离和停产的措施，65 周边坡岩体的变形量相对减小，但仍处于橙色预警区，停产两周至 67 周后，岩体变形恢复至正常变形区，安全预警信号解除，石金岩边坡恢复生产；71~74 周，随着露采台阶推进至边坡最终境界，岩体变形又处于橙色预警区，此时采取加大监测频率、排水疏干、控制开采强度、降震爆破等措施，边坡变形逐渐恢复至正常变形区和微变形区；75~139 周，新台阶开挖离最终边坡境界尚远，对边坡稳定性影响较小，边坡岩体处于微变形和正常变形区之间，处于微变形期可适当增加开采强度，调节露天开采的产量；140~169 周，采用基于重构相空间的混沌神经网络模型预测边坡岩体的后期变形情况[图 6-14(b)]，预计该段时间边坡岩体的变形量将逐渐增大，但仍处于正常变形区。

以上分析表明，边坡岩体变形的安全预警系统通过重构相空间技术放大变形信号，可及时了解和对比分析边坡岩体的变形情况，判断其处于哪一区域。随着边坡岩体变形安全预警系统的成功应用，制定了针对每一信号的处理措施（见表 6-3）。

杨桃坞和石金岩边坡岩体变形安全预警系统不仅可以对边坡岩体的稳定性作出预报，而且可以反映露天开采强度的合理性，为露天矿山的安全生产提供了技术保障。

表 6-3　边坡岩体安全预警系统处理措施

| 序号 | 所处区域 | 采 取 措 施 | 备注 |
|---|---|---|---|
| 1 | 微变形区 | 延长监测时间，减小监测频率；<br>可适当增大开采强度，提高矿山产量 | |
| 2 | 正常变形区 | 按正常程序进行监测，每周监测一次，并对监测数据进行分析；<br>露天开采强度适当，不要随意增产或降产 | |

续表6-3

| 序号 | 所处区域 | 采　取　措　施 | 备　注 |
|---|---|---|---|
| 3 | 橙色预警区 | 增加监测频率，每两天监测一次，并及时分析数据，预测下一阶段的变形量；<br>露天开采强度过高，应当采取降产措施 | |
| 4 | 红色预警区 | 人员和设备撤离，露天采场停产；<br>每天监测一次，并及时分析和预测下段的变形趋势 | |

## 6.6　本章小结

（1）针对德兴铜矿露天矿工程实际，在杨桃坞和石金岩边坡设计建立了边坡变形安全监测系统，为研究边坡稳定性和矿山安全生产提供了基础数据。

（2）根据杨桃坞和石金岩边坡岩体变形监测数据，采用基于重构相空间的混沌理论，揭示了边坡岩体的变形规律。研究结果显示，边坡岩体变形受多因素影响，其变形表现出复杂过程，在相空间中的运动轨迹呈环状，围绕一个吸引点呈周期性的自相似运动；杨桃坞和石金岩边坡岩体变形的最大 Lyapunov 指数均大于零，表明边坡岩体变形具有混沌特征；边坡岩体变形是与外界物质和能量交换的结果，是一耗散的非线性动力系统，杨桃坞边坡岩体变形动力系统关联维数为1.1280，石金岩边坡岩体变形动力系统关联维数为 1.3778。

（3）边坡岩体变形监测数据的确定性检验结果表明，边坡岩体变形受其内在确定性动力学机制所支配，其变形是边坡工程固有影响因素对边坡岩体综合作用的结果。

（4）采用杨桃坞和石金岩边坡岩体变形监测数据，建立了基于重构相空间的边坡岩体变形的混沌神经网络预测模型，预测验证结果显示，该模型具有较高的预测精度，可准确预测边坡岩体的变形，实现了露天矿开挖边坡变形的安全预测。

（5）在分析边坡岩体变形数据特征的基础上，建立了杨桃坞和石金岩边坡岩体变形的安全预警系统。工程实际应用结果表明，边坡岩体变形安全预警系统通过重构相空间技术放大变形信号，可及时了解和对比分析边坡岩体的变形情况，判断其处于哪一区域，需要采取哪些措施。该安全预警系统一目了然，不仅可以对边坡岩体的稳定性作出预报，而且可反映出露天开采强度的合理性，判断是否可调节矿山产量，为露天矿山的安全生产提供了技术保障。

# 第7章 结论与展望

## 7.1 结论

边坡高度大、地质条件复杂且处于不断爆破开挖扰动过程是露天矿山边坡工程区别于其他人工边坡工程的显著特征。为此本书在总结国内外学者边坡工程研究的基础上，提出了一种适应矿山边坡工程的岩体质量分级方法，建立了矿山边坡工程岩体质量分级的知识库模型；并研究适应矿山边坡工程的可靠度计算方法，采用可靠性理论分析了矿山边坡岩体稳定性；同时构建了适应于矿山边坡工程稳定性的评价体系，采用未确知测度和 Fisher 判别理论，建立了矿山边坡稳定性评价模型；用混沌理论揭示了矿山边坡岩体的变形规律，建立了露天开采岩体变形安全预警系统。通过开展上述研究工作，取得了以下成果。

(1)在总结国内外工程岩体质量分级研究成果的基础上，分析了岩石力学性质，RQD 值，节理裂隙，地下水和地应力对边坡岩体稳定性的影响，用岩石单轴抗压强度、RQD 值、节理间距、节理状态、地下水状态、节理方向和地应力状态 7 个指标建立了矿山边坡岩体质量评价体系。

(2)根据建立的矿山边坡工程岩体质量评价体系，科学划分了大宝山矿各区域岩体质量，并评价了栾川钼矿露天采区关键区域工程岩体质量，同时对德兴铜矿露天采区的西源岭边坡、杨桃坞边坡和石金岩边坡各勘探线岩体进行了综合分析，划分了矿区工程岩体质量，为露天开采工程设计与施工提供了依据。

(3)在相同轴压下，试件所能承载的总循环冲击次数随溶液酸碱程度变化而逐渐减少。当溶液的 pH 为 7 时，试件的总循环冲击次数和动静组合强度都最大，试件抵抗循环冲击载荷的能力最强。应力波在试件中传播的透射系数会随循环冲击次数的增加而逐渐减小，反射系数呈现"先减小后增大"的趋势。

(4)冲击载荷作用下砂岩的碎块块度分布符合分形规律。砂岩的破碎程度随着冲击加载速率的增大而提高，随着冲击加载速率的提高，砂岩的破碎分形维数线性增大, 碎块平均尺寸线性减小。

(5)利用神经网络能大规模并行处理、分布式信息存储, 以及学习功能很强的优点, 采用国内外大量矿山边坡工程数据, 建立了矿山边坡岩体质量与岩石强度、RQD 值、节理间距、结构面条件、地下水、节理走向、地应力等影响因素的神经网络知识库模型, 实现了矿山边坡工程岩体质量智能分级。

(6)用灰色关联理论对影响边坡岩体质量的各因素进行了灰色关联排序, 研究表明, 岩体 RQD 值和节理间距是影响岩体质量的决定性因素, 岩石强度决定了岩体力学性质, 是影响岩体质量的重要因素, 地下水对岩体质量的影响也不容忽视, 节理走向和地应力对露天边坡岩体质量有一定影响, 但影响程度相对较小。

(7)在总结一次可靠度分析法、蒙特卡洛模拟法、统计矩法等可靠度计算方法的基础上, 应用混沌理论 Logistic 迭代方程, 提出了一种新的矿山边坡岩体可靠度计算方法。该可靠度改进算法根据可靠度物理意义, 用 Logistic 迭代方程搜索随机变量中心点距极限状态函数超平面的最小距离, 不用对功能函数求偏导, 即可简捷地得出可靠度指标, 具有算法简单、程序编制方便等优点, 适应于非线性、含高次项的复杂功能函数计算可靠度指标。

(8)为了将基于 Logistic 迭代方程的改进可靠度算法应用于矿山边坡工程可靠度分析, 建立了简化 Bishop 法边坡极限状态超平面模型、Janbu 法边坡极限状态超平面模型、平面破坏边坡极限状态超平面模型和三维楔体破坏边坡极限状态超平面模型。

(9)采用基于 Logistic 迭代方程改进可靠度算法, 分析了德兴铜矿杨桃坞、水龙山和西源岭边坡稳定性。研究显示, 边坡岩体安全系数高, 并不意味边坡岩体一定处于稳定状态; 在自重条件下边坡岩体稳定, 并不意味在考虑自重+爆破+结构面泡水的组合状态下边坡工程稳定, 矿山边坡岩体稳定性与其可靠度系数和受力状态密切相关。

(10)通过动态聚类分析, 取矿山边坡岩体的岩性特征、滑面特征、滑体大小、开采强度、爆破作用、后缘加载、水力侵蚀和设备活动 8 个指标, 构建了边坡稳定性评价体系, 采用未确知测度和 Fisher 判别原理建立了矿山边坡岩体稳定性评价模型, 为矿山边坡工程提出了一种分析稳定评价的新方法。

(11)未确知测度和 Fisher 判别法基于聚类算法、未确知测度和统计学方法判断边坡岩体稳定状态, 通过矿山边坡工程实例分析和对比验证, 表明该方法判估错误率低, 精确度高, 不仅可用于矿山边坡工程稳定性评价, 同时也可应用于非矿山人工边坡工程稳定性分析。

(12)在德兴铜矿杨桃坞和石金岩边坡采用多点位移计建立了边坡岩体变形的安全监测系统, 并根据边坡岩体变形监测数据, 采用基于重构相空间的混沌理论, 揭示了边坡岩体的变形规律。研究结果显示, 边坡岩体变形受多因素的影响，其变形在相空间中的运动轨迹呈环状，围绕一个吸引点呈周期性的自相似运动；边坡岩体变形的最大 Lyapunov 指数均大于零，表明边坡岩体变形具有混沌特征；边坡岩体变形是与外界物质和能量交换的结果，是一耗散的非线性动力系统。

（13）边坡岩体变形监测数据的确定性检验结果表明，边坡岩体变形受其内在确定性动力学机制支配，其变形是边坡工程固有影响因素对边坡岩体综合作用的结果。采用杨桃坞和石金岩边坡岩体变形监测数据，建立了基于重构相空间的边坡岩体变形的混沌神经网络预测模型，预测验证结果显示，该模型具有较高的预测精度，可准确预测边坡岩体的变形，实现了露天矿开挖边坡变形的安全预测。

（14）在分析边坡岩体变形数据特征的基础上，建立了矿山边坡岩体变形的安全预警系统。工程实际应用结果表明，边坡岩体变形安全预警系统通过重构相空间技术放大变形信号，可及时了解和对比分析边坡岩体的变形情况，判断其处于哪一区域、需要采取哪些措施，不仅可以对边坡岩体的稳定性作出预报，而且可以反映露天开采强度的合理性，为露天矿山的安全生产提供了技术保障。

## 7.2 展望

矿山开采过程中，边坡岩体不停地受到开挖影响，边坡岩体变形是与外界进行物质和能量交换的结果，是一耗散的非线性动力系统。由于矿山边坡岩体演化的复杂特性，还有很多问题值得研究，作者今后将在如下几个方面深入研究。

（1）本书采用神经网络模型建立了矿山边坡岩体质量与其影响因素的知识库模型，实现了矿山边坡工程岩体质量智能分级，对于矿山边坡岩体质量分级的可视化软件开发、与 Surpac 软件的接口程序等作者将进一步研究。

（2）本书应用混沌理论 Logistic 迭代方程，提出了一种新的矿山边坡岩体可靠度计算方法，建立了简化 Bishop 法、Janbu 法、平面破坏和三维楔体破坏的边坡极限状态超平面模型，对于其他方法的极限状态超平面模型作者今后将深入研究。

（3）本书在研究边坡岩体变形规律的基础上，建立了矿山边坡岩体变形的安全预警系统，该预警系统如何与矿山生产调度系统耦合、与数字化矿山系统联动等亦是作者今后的研究任务。

# 参考文献

[1] 李文芳, 孔锐, 王仁财. 我国重要矿产资源评价指标体系研究[J]. 中国国土资源经济, 2008, 21(7): 26-28, 47.

[2] Choudhuri S K. Security of supply of mineral resources-The Indian context. Journal of Mines [J]. Metals and Fuels, 2011, 59(7): 175-181.

[3] Kalinnikov V T, Kasikov A G, Orlov V M, et al. Studies and developments of the Institute of Chemistry and Technology of Rare Elements and Mineral Resources of the Kola Research Center, Russian Academy of Sciences, in the field of materials science for the solution of special technical problems[J]. Theoretical Foundations of Chemical Engineering, 2010, 44 (4): 557-562.

[4] 白云飞. 矿产资源资产化管理之浅探[J]. 山西焦煤科技, 2008, 32(12): 41-44.

[5] 陈其慎, 王高尚. 我国非能源战略性矿产的界定及其重要性评价[J]. 中国国土资源经济, 2007, 20(1): 18-21, 44, 47.

[6] Valero A, Valero A. Physical geonomics: Combining the exergy and Hubbert peak analysis for predicting mineral resources depletion[J]. Resources, Conservation and Recycling, 2010, 54 (12): 1074-1083.

[7] Chanda E K, Gardiner S. A comparative study of truck cycle time prediction methods in open-pit mining. Engineering[J], Construction and Architectural Management, 2010, 17(5): 446-460.

[8] 周爱民. 发挥采矿科研优势促进矿山技术进步[J]. 矿业研究与开发, 2006, 26(S1): 8-14.

[9] Monjezi M, Sayadi A, Talebi N. Prediction of backbreak using blasting parameters. Journal of Mines[J], Metals and Fuels, 2010, 58(8): 223-226.

[10] 刘煜. 全移动破碎站半连续工艺系统类型的优化选择[J]. 露天采矿技术, 2012, 27 (1): 17-20.

[11] 张小兵. 自移式破碎机半连续工艺台阶开采模式的展望[J]. 露天采矿技术, 2011, 26 (6): 10-12.

[12] Kramadibrata S, Saptono S, Wattimena R K, et al. Developing a slope stability curve of open pit coal mine by using dimensional analysis method[J]. Harmonising Rock Engineering and the Environment-Proceedings of the 12th ISRM International Congress on Rock Mechanics, 2012:

1939-1942.

[13] 杨天鸿, 张锋春, 于庆磊, 等. 露天矿高陡边坡稳定性研究现状及发展趋势[J]. 岩土力学, 2011, 32(5): 1437-1451, 1472.

[14] Lana M S, Cabral I E, Gripp A H, et al. Estimation of potential failure risks in a mine slope using indicator kriging[J]. International Journal for Numerical and Analytical Methods in Geomechanics, 2010, 34(16): 1725-1742.

[15] 许湘华, 曲广琇, 方理刚. 基于节理几何参数不确定性的边坡可靠度分析[J]. 中南大学学报(自然科学版), 2010, 41(3): 1139-1145.

[16] Santha Ram A, Thote N R. Empirical slope design for friable ore bodies with weak wall rocks [J]. International Journal of Earth Sciences and Engineering, 2011, 4(6): 1067-1074.

[17] Ifelola E O, Bassey E E. Evaluation of slope stability in open pit mine and its effects[C]. Advanced Materials Research. Trans Tech Publications Ltd, 2012, 367: 567-574.

[18] Moarefvand P, Ahmadi M, Afifipour M. Unloading scheme to control sliding mass at Angouran open pit mine, Iran[C]. 12th ISRM Congress. OnePetro, 2011, 2012: 1963-1966.

[19] Kayabasi A, Gokceoglu C. Coal mining under difficult geological conditions: The Can lignite open pit (Canakkale, Turkey)[J]. Engineering geology, 2012, 135: 66-82.

[20] 胡卸文, 吕小平, 李廷强. 四川某矿山边坡失稳机理及稳定性评价[J]. 山地学报, 2004, 22(2): 224-229.

[21] 李全明, 付士根, 王云海. 露天开采边坡稳定性分析方法及灾害防治措施研究[J]. 中国安全科学学报, 2007, 17(2): 55-60, 3.

[22] 王启明. 我国非煤露天矿山大中型边坡安全现状及对策[J]. 金属矿山, 2007(10): 1-5, 10.

[23] 李军. 金属非金属露天矿山边坡安全管理建议[J]. 金属矿山, 2010(10): 172-175.

[24] 朱斌, 侯克鹏. 边坡稳定性研究综述[J]. 矿业快报, 2007, 23(10): 4-8.

[25] Sai T, Sugimoto Y. A current-mode buck DC-DC converter with frequency characteristics independent of input and output voltages using a quadratic compensation slope[J]. IEICE transactions on electronics, 2012, 95(4): 677-685.

[26] Aydan Ö, Kumsar H. An experimental and theoretical approach on the modeling of sliding response of rock wedges under dynamic loading[J]. Rock Mechanics and Rock Engineering, 2010, 43(6): 821-830.

[27] 姚裕春. 边坡开挖工程活动对环境影响研究: 以西攀高速为实验线[D]. 成都: 西南交通大学, 2005.

[28] Loncke L, Droz L, Gaullier V, et al. Slope instabilities from echo-character mapping along the French Guiana transform margin and Demerara abyssal plain[J]. Marine and Petroleum Geology, 2009, 26(5): 711-723.

[29] Zhang G, Chen J X, Tang G H. The Random Effects of the Seepage Field on the Slope Reliability[C]. Key Engineering Materials. Trans Tech Publications Ltd, 2005, 297: 1864-1869.

[30] 徐国民. 软岩边坡变形失稳机理及防治技术研究[D]. 昆明：昆明理工大学，2005.

[31] Krejčí O, Baroň I, Bíl M, et al. Slope movements in the Flysch Carpathians of Eastern Czech Republic triggered by extreme rainfalls in 1997: a case study[J]. Physics and Chemistry of the Earth, Parts A/B/C, 2002, 27(36): 1567-1576.

[32] Golovin P N. Formation and sink of dense shelf waters in the area of the continental slope (cascading) of the Nansen Basin in the Laptev Sea[J]. Russian Meteorology and Hydrology, 2005, 11: 33-47.

[33] 李克钢, 许江, 李树春, 等. 基于可拓理论的边坡稳定性评价研究[J]. 重庆建筑大学学报, 2007, 29(4): 75-78.

[34] Nakamura H, Ichikawa H, Nishina A, et al. Kuroshio path meander between the continental slope and the Tokara Strait in the East China Sea[J]. Journal of Geophysical Research: Oceans, 2003, 108(C11).

[35] Kentli B, Topal T. Assessment of rock slope stability for a segment of the Ankara-Pozantı motorway, Turkey[J]. Engineering Geology, 2004, 74(1-2): 73-90.

[36] 胡海岩, 孟庆国, 张伟, 等. 动力学、振动与控制学科未来的发展趋势[J]. 力学进展, 2002, 32(2): 294-296.

[37] Klotter K, Cobb P R. On the use of nonsinusoidal approximating functions for nonlinear oscillation problems[J]. Journal of Applied Mechanics, 1960, 27(3): 579-583.

[38] Mahalingam S. A Note on One-Term Approximate Solutions for Non-Linear Vibration Problems[J]. Journal of the Royal Aeronautical Society, 1958, 62(570): 450-451.

[39] 吴彤. 非线性动力学混沌理论方法及其意义[J]. 清华大学学报(哲学社会科学版), 2000, 15(3): 72-79.

[40] 曾岩. 非高斯随机激励下非线性系统的随机平均法[D]. 杭州：浙江大学，2010.

[41] 孙丽波. 微板多物理场耦合非线性动力学研究[D]. 秦皇岛：燕山大学，2011.

[42] 李兆军, 蔡敢为, 杨旭娟. 求解非线性动力学方程的模态叠加多尺度法[J]. 华中科技大学学报(自然科学版), 2010, 38(8): 115-117.

[43] 孙涛, 沈允文, 孙智民, 刘继岩. 行星齿轮传动非线性动力学方程求解与动态特性分析[J]. 机械工程学报, 2002, 38(3): 11-15.

[44] 杨泽进. 岩石结构面粗糙度表征及其围压作用下剪切力学行为研究[D]. 太原：太原理工大学，2021.

[45] 汪丁建. 含节理层状岩石破裂特性及边坡工程应用研究[D]. 武汉：中国地质大学，2019.

[46] 刘传孝. 岩石破坏机理及节理裂隙分布尺度效应的非线性动力学分析与应用[J]. 岩石力学与工程学报, 2005, 24(22): 4202.

[47] 浩峰. 《普利高津和耗散结构理论》[J]. 自然辩证法通讯, 1982, 4(5): 6.

[48] Song D, Wang E, Li N, et al. Rock burst prevention based on dissipative structure theory[J]. International Journal of Mining Science and Technology, 2012, 22(2): 159-163.

[49] 韩素平, 尹志宏, 靳钟铭, 等. 耗散结构理论在岩石类材料变形系统中的初探[J]. 太原

理工大学学报, 2006, 37(3): 323-326.

[50] 秦卫星, 陈胜宏, 陈士军. 有限单元法分析边坡稳定的若干问题研究[J]. 岩土力学, 2006, 27(4): 586-590.

[51] 李冰河, 王奎华, 谢康和, 等. 软黏土非线性一维固结有限差分法分析[J]. 浙江大学学报(自然科学版), 2000, 34(4): 376-381.

[52] 焦玉勇, 葛修润, 刘泉声, 冯树仁. 三维离散单元法及其在滑坡分析中的应用[J]. 岩土工程学报, 2000, 22(1): 101-104.

[53] 陈祖煜, 弥宏亮, 汪小刚. 边坡稳定三维分析的极限平衡方法[J]. 岩土工程学报, 2001, 23(5): 525-529.

[54] 陈昊祥, 戚承志, 李凯锐, 等. 深部巷道围岩分区破裂的非线性连续相变模型研究[J]. 岩土力学, 2017, 38(4): 1032-1040.

[55] 杨尚. 岩石非线性变形全过程的统计损伤模拟方法[D]. 长沙: 湖南大学, 2017.

[56] 栾茂田, 黎勇, 杨庆. 非连续变形计算力学模型在岩体边坡稳定性分析中的应用[J]. 岩石力学与工程学报, 2000, 19(3): 289-294.

[57] 裴觉民. 数值流形方法与非连续变形分析[J]. 岩石力学与工程学报, 1997, 16(3): 279-292.

[58] 徐卫亚, 杨圣奇, 褚卫江. 岩石非线性黏弹塑性流变模型(河海模型)及其应用[J]. 岩石力学与工程学报, 2006, 25(3): 433-447.

[59] 何满潮, 吕晓俭, 景海河. 深部工程围岩特性及非线性动态力学设计理念[J]. 岩石力学与工程学报, 2002, 21(8): 1215-1224.

[60] 郑颖人, 刘兴华. 近代非线性科学与岩石力学问题[J]. 岩土工程学报, 1996, 18(1): 98-100.

[61] 王卫华, 李夕兵. 离散元法及其在岩土工程中的应用综述[J]. 岩土工程技术, 2005, 19(4): 177-181.

[62] 贺续文, 刘忠, 廖彪, 等. 基于离散元法的节理岩体边坡稳定性分析[J]. 岩土力学, 2011, 32(7): 2199-2204.

[63] 王泳嘉. 离散元法及其在岩石力学中的应用[J]. 金属矿山, 1986(8): 13-17, 5.

[64] 郑颖人, 赵尚毅, 邓卫东. 岩质边坡破坏机制有限元数值模拟分析[J]. 岩石力学与工程学报, 2003, 22(12): 1943-1952.

[65] 宋二祥, 娄鹏, 陆新征, 沈伟. 某特深基坑支护的非线性三维有限元分析[J]. 岩土力学, 2004, 25(4): 538-543.

[66] 刘冬桥. 岩石损伤本构模型及变形破坏过程的混沌特征研究[D]. 北京: 中国矿业大学(北京), 2014.

[67] 王泳嘉. 边界元法在岩石力学中的应用[J]. 岩石力学与工程学报, 1986, 5(2): 205-222.

[68] 柯建仲, 许世孟, 陈昭旭, 等. 基于边界元法各向异性岩石的裂纹传播路径分析[J]. 岩石力学与工程学报, 2010, 29(1): 34-42.

[69] 陆峰, 孙东亚, 张国铭. 应用神经网络方法确定岩石边坡安全系数[J]. 水利学报, 2002, 33(4): 93-96.

［70］ 金丰年，范华林. 岩石的非线性流变损伤模型及其应用研究［J］. 解放军理工大学学报（自然科学版），2000，1(3)：1-5.

［71］ 汪斌，朱杰兵，邬爱清，等. 高应力下岩石非线性强度特性的试验验证［J］. 岩石力学与工程学报，2010，29(3)：542-548.

［72］ 章杨松. 岩体质量分级风险分析方法及岩体力学参数研究-以镇江至扬州长江公路大桥工程为例［D］. 南京：南京大学，1999.

［73］ Singh B, Jethwa J L, Dube A K, et al. Correlation between observed support pressure and rock mass quality［J］. Tunnelling and Underground Space Technology, 1992, 7(1)：59-74.

［74］ Innaurato N, Mancini R, Cardu M. On the influence of rock mass quality on the quality of blasting work in tunnel driving［J］. Tunnelling and Underground Space Technology, 1998, 13(1)：81-89.

［75］ 何满潮，谢和平，彭苏萍，姜耀东. 深部开采岩体力学研究［J］. 岩石力学与工程学报，2005，24(16)：2803-2813.

［76］ Feignier B, Grasso J R. Relation between seismic source parameters and mechanical properties of rocks：A case study［J］. pure and applied geophysics, 1991, 137(3)：175-199.

［77］ Mahmutoglu Y. Mechanical behaviour of cyclically heated fine grained rock［J］. Rock Mechanics and Rock Engineering, 1998, 31(3)：169-179.

［78］ Krauland N, Söder P, Agmalm G. Determination of rock mass strength by rock mass classification—Some experiences and questions from Boliden mines［C］. International Journal of Rock Mechanics and Mining Sciences & Geomechanics Abstracts. Pergamon, 1989, 26(1)：115-123.

［79］ Holland K L, Lorig L J. Numerical examination of empirical rock-mass classification systems［J］. International Journal of Rock Mechanics and Mining Sciences, 1997, 34(3-4)：127. e1-127. e14.

［80］ Inyang H I. Development of a preliminary rock mass classification scheme for near-surface excavation［J］. International Journal of Surface Mining, Reclamation and Environment, 1991, 5(2)：65-73.

［81］ 许宏发，周建民，吴华杰. 国标岩体质量分级的简化方法［J］. 岩土力学，2005，26(S2)：88-90.

［82］ Terzaghi K. Rock defects and loads on tunnel supports［J］. Rock tunnelling with steel supports, 1946.

［83］ Deere D U. Technical description of rock cores for engineering purposes［J］. Rock Mechanics and Engineering Geology, 1964, 1(1)：17-22.

［84］ Bieniawski Z T. Engineering classification of jointed rock masses［J］. Civil Engineer in South Africa, 1973, 15(12)：335-344.

［85］ Barton N R. A review of the shear strength of filled discontinuities in rock［J］. Norwegian Geotechnical Institute Publication, 1974, 105.

［86］ Hoek E, Brown E T. Practical estimates of rock mass strength［J］. International journal of rock mechanics and mining. Sciences, 1997, 34(8): 1165-1186.

[87] 中华人民共和国国家标准编写组. 工程岩体分级标准(GB50218-94) [S]. 北京: 中国计划出版社, 1999.

[88] 中华人民共和国国家标准编写组. 水利水电工程地质勘察规范(GB50287-99) [S]. 北京: 中国计划出版社, 1999.

[89] 谷德振. 岩体工程地质力学基础[M]. 北京: 科学出版社, 1979.

[90] 王锦国, 周志芳, 杨建, 杨建宏. 溪洛渡水电站坝基岩体工程质量的可拓评价[J]. 勘察科学技术, 2001(6): 25-29.

[91] 王彦武. 地下采矿工程岩体质量可拓模糊评价方法[J]. 岩石力学与工程学报, 2002, 21(1): 18-22.

[92] 丁向东, 吴继敏. 岩体质量模糊分类方法[J]. 水利水电科技进展, 2006, 26(3): 18-20.

[93] 连建发, 慎乃齐, 张杰坤. 基于可拓方法的地下工程围岩评价研究[J]. 岩石力学与工程学报, 2004, 23(9): 1450-1453.

[94] 冯夏庭, 王泳嘉. 用于岩体质量评价的神经网络专家系统[J]. 有色金属, 1994(4): 1-7.

[95] 徐健, 王驹, 马艳. 基于 BP 神经网络的岩体质量评价: 以甘肃北山旧井地段 BS03 号钻孔为例[J]. 铀矿地质, 2007, 23(4): 249-256, 243.

[96] 赵红亮, 陈剑平. 人工神经网络在澜沧江某电站坝基右岸复杂岩体分类中的应用[J]. 煤田地质与勘探, 2003, 31(1): 31-33.

[97] 王彪, 陈剑平, 李钟旭, 晁军. 人工神经网络在岩体质量分级中的应用[J]. 世界地质, 2004, 23(1): 64-68.

[98] 张飞, 赵永峰, 刘小光. 基于 BP 神经网络岩体质量评价方法的相关性探讨[J]. 黄金, 2005, 26(9): 22-25.

[99] 李强. BP 神经网络在工程岩体质量分级中的应用研究[J]. 西北地震学报, 2002(3): 220-224, 229.

[100] 慎乃齐, 刘飞, 连建发. 人工神经网络在围岩稳定性分类中的应用[J]. 工程地质学报, 2002, 10(S1): 436-438.

[101] 孙恭尧, 黄卓星, 夏宏良. 坝基岩体分级专家系统在龙滩工程中的应用[J]. 红水河, 2002, 21(3): 6-11.

[102] 章杨松. 岩石质量指标的计算机模拟及其风险分析[J]. 地质灾害与环境保护, 2002, 13(1): 44-47.

[103] 马淑芝, 贾洪彪, 唐辉明, 刘佑荣. 利用"岩体裂隙率"评价工程岩体的质量[J]. 水文地质工程地质, 2002, 29(1): 10-12, 23.

[104] 宫凤强, 李夕兵. 隧洞围岩稳定性评价的 Bayes 判别分析法及应用[J]. 地下空间与工程学报, 2007, 3(6): 1138-1141.

[105] Bye A. The application of multi-parametric block models to the mining process[J]. Journal of the South African Institute of Mining and Metallurgy, 2007, 107(1): 51-58.

[106] Febrian I, Wahyudin A, Gunadi C, et al. Mining within a weak rock mass-Kencana Underground Mine case study-PT Nusa Halmahera Minerals(Newcrest Mining Ltd), Indonesia

[J]. Proceedings of the 1st Canada–US Rock Mechanics Symposium–Rock Mechanics Meeting Society's Challenges and Demands, 2007, 2: 1367-1375.

[107] Pennington T W, Cook R F, Richards D P, et al. Design and construction of a large underground cavern in Atlanta, Georgia, USA[J]. Proceedings of the 33rd ITA–AITES World Tunnel Congress–Underground Space–The 4th Dimension of Metropolises, 2007, 1: 237-242.

[108] Basarir H. Engineering geological studies and tunnel support design at Sulakyurt dam site, Turkey[J]. Engineering geology, 2006, 86(4): 225-237.

[109] Read S A L, Richards L. Characteristics and classification of New Zealand greywackes[J]. Proceedings of the 1st Canada–US Rock Mechanics Symposium–Rock Mechanics Meeting Society's Challenges and Demands, 2007, 1: 269-276.

[110] Palmstrom A, Stille H. Ground behaviour and rock engineering tools for underground excavations[J]. Tunnelling and Underground Space Technology, 2007, 22(4): 363-376.

[111] 宫凤强, 李夕兵, 张伟. 隧道围岩分级的距离判别分析模型及应用[J]. 铁道学报, 2008, 30(3): 119-123.

[112] 陈宗基. 地下巷道长期稳定性的力学问题[J]. 岩石力学与工程学报, 1982, 1(1): 1-20.

[113] 杨成忠, 吴宇健, 王威, 等. 大断面软岩隧道开挖空间效应影响分析[J]. 地下空间与工程学报, 2021, 17(2): 511-519.

[114] Mazaira A, Konicek P. Intense rockburst impacts in deep underground construction and their prevention[J]. Canadian Geotechnical Journal, 2015, 52(10): 1426-1439.

[115] Menéndez J, Ordóñez A, Álvarez R, et al. Energy from closed mines: Underground energy storage and geothermal applications[J]. Renewable and Sustainable Energy Reviews, 2019, 108: 498-512.

[116] 李运强, 黄海辉. 世界主要产煤国家煤矿安全生产现状及发展趋势[J]. 中国安全科学学报, 2010, 20(6): 158-165.

[117] Ahmed Z, Wang S, Hashmi M Z, et al. Causes, characterization, damage models, and constitutive modes for rock damage analysis: a review[J]. Arabian Journal of Geosciences, 2020, 13(16): 1-14.

[118] 赵兴东, 周鑫, 赵一凡, 等. 深部金属矿采动灾害防控研究现状与进展[J]. 中南大学学报(自然科学版), 2021, 52(8): 2522-2538.

[119] Jiang C F, Hou K P, Sun H F. Prediction and analysis of safety production accident in mining based on the GM (1, 1) [C]. Advanced Materials Research. Trans Tech Publications Ltd, 2014, 989: 3443-3446.

[120] 蒋星星, 李春香. 2013—2017 年全国煤矿事故统计分析及对策[J]. 煤炭工程, 2019, 51(1): 101-105.

[121] Xue J, Huang W, Jin J. Stability analysis of high-steep mining slope based on clustering and unascertained measuring method[J]. Journal of Mines, Metals and Fuels, 2017, 65(10): 547-552.

[122] Zhang B, Zhao D, Zhou P, et al. Hydrochemical characteristics of groundwater and dominant

water-rock interactions in the Delingha Area, Qaidam Basin, Northwest China[J]. Water, 2020, 12(3): 836.

[123] Jiang J, Su G, Liu Y, et al. Effect of the propagation direction of the weak dynamic disturbance on rock failure: an experimental study[J]. Bulletin of Engineering Geology and the Environment, 2021, 80(2): 1507-1521.

[124] Makhnenko R Y, Labuz J F. Elastic and inelastic deformation of fluid-saturated rock[J]. Philosophical Transactions of the Royal Society A: Mathematical, Physical and Engineering Sciences, 2016, 374(2078): 20150422.

[125] Tao M, Zhao H, Momeni A, et al. Fracture failure analysis of elliptical hole bored granodiorite rocks under impact loads [J]. Theoretical and Applied Fracture Mechanics, 2020, 107: 102516.

[126] 李夕兵. 岩石动力学基础与应用[M]. 北京: 科学出版社, 2014.

[127] Anderson C E, O'Donoghue P E, Lankford J, et al. Numerical simulations of SHPB experiments for the dynamic compressive strength and failure of ceramics[J]. International journal of fracture, 1992, 55(3): 193-208.

[128] Saadatmand Hashemi A, Katsabanis P. The effect of stress wave interaction and delay timing on blast-induced rock damage and fragmentation[J]. Rock Mechanics and Rock Engineering, 2020, 53(5): 2327-2346.

[129] Zhu Z W, Cao C X, Fu T T. SHPB test analysis and a constitutive model for frozen soil under multiaxial loading[J]. International Journal of Damage Mechanics, 2020, 29(4): 626-645.

[130] 温森, 赵现伟, 常玉林, 等. 基于 SHPB 的复合岩样动态压缩破坏能量耗散分析[J]. 应用基础与工程科学学报, 2021, 29(2): 483-492.

[131] 王文, 张世威, 王伸, 等. 真三轴动静组合加载饱水煤样动态强度特征研究[J]. 岩石力学与工程学报, 2019, 38(10): 2010-2020.

[132] Davies E D H, Hunter S C. The dynamic compression testing of solids by the method of the split Hopkinson pressure bar[J]. Journal of the Mechanics and Physics of Solids, 1963, 11(3): 155-179.

[133] 李夕兵, 宫凤强, 高科, 等. 一维动静组合加载下岩石冲击破坏试验研究[J]. 岩石力学与工程学报, 2010, 29(2): 251-260.

[134] Wu Q H, Li X B, Tao M, et al. Conventional triaxial compression on hollow cylinders of sandstone with various fillings: relationship of surrounding rock with support[J]. Journal of Central South University, 2018, 25(8): 1976-1986.

[135] Gong F Q, Wu W X, Zhang L. Brazilian disc test study on tensile strength-weakening effect of high pre-loaded red sandstone under dynamic disturbance [J]. Journal of Central South University, 2020, 27(10): 2899-2913.

[136] Gong F Q, Zhong W H, Gao M Z, et al. Dynamic characteristics of high stressed red sandstone subjected to unloading and impact loads[J]. Journal of Central South University, 2022, 29(2): 596-610.

[137] 周宗红, 章雅琦, 杨安国, 等. 白云岩三维动静组合加载力学特性试验研究[J]. 煤炭学报, 2015, 40(5): 1030-1036.

[138] 章雅琦, 周宗红, 金小川, 等. 动静组合加载下白云岩碎屑破坏特征研究[J]. 矿业研究与开发, 2014, 34(7): 54-58.

[139] Yin T B, Shu R H, Li X B, et al. Combined effects of temperature and axial pressure on dynamic mechanical properties of granite[J]. Transactions of Nonferrous Metals Society of China, 2016, 26(8): 2209-2219.

[140] Yin T B, Yang Z, Yin J W. Effect of open fire on dynamic compression mechanical behavior of granite under different strain rates[J]. Arabian Journal of Geosciences, 2021, 14(20): 1-12.

[141] 金解放, 吴越, 张睿, 等. 冲击速度和轴向静载对红砂岩破碎及能耗的影响[J]. 爆炸与冲击, 2020, 40(10): 42-55.

[142] 金解放, 李夕兵, 殷志强, 等. 轴压和循环冲击次数对砂岩动态力学特性的影响[J]. 煤炭学报, 2012, 37(6): 923-930.

[143] Xie H P, Gao M Z, Zhang R, et al. Study on the mechanical properties and mechanical response of coal mining at 1000 m or deeper[J]. Rock Mechanics and Rock Engineering, 2019, 52(5): 1475-1490.

[144] Xie H, Li C, He Z, et al. Experimental study on rock mechanical behavior retaining the in situ geological conditions at different depths[J]. International Journal of Rock Mechanics and Mining Sciences, 2021, 138: 104548.

[145] 李光雷, 蔚立元, 苏海健, 等. 化学腐蚀灰岩SHPB冲击动力学性能研究[J]. 岩石力学与工程学报, 2018, 37(9): 2075-2083.

[146] 付安琪, 蔚立元, 苏海健, 等. 循环冲击损伤后大理岩静态断裂力学特性研究[J]. 岩石力学与工程学报, 2019, 38(10): 2021-2030.

[147] 何明明, 李宁, 陈蕴生, 等. 分级循环荷载下岩石动力学行为试验研究[J]. 岩土力学, 2015, 36(10): 2907-2913.

[148] 何明明, 李宁, 郇久阳, 等. 不同应力水平下砂岩力学特性的试验研究[J]. 西安理工大学学报, 2015, 31(2): 183-188.

[149] Zhou Z L, Zhao Y, Jiang Y H, et al. Dynamic behavior of rock during its post failure stage in SHPB tests[J]. Transactions of Nonferrous Metals Society of China, 2017, 27(1): 184-196.

[150] Zhou Z L, Wang H Q, Cai X, et al. Bearing characteristics and fatigue damage mechanism of multi-pillar system subjected to different cyclic loads[J]. Journal of Central South University, 2020, 27(2): 542-553.

[151] 朱万成, 唐春安, 黄志平, 等. 静态和动态载荷作用下岩石劈裂破坏模式的数值模拟[J]. 岩石力学与工程学报, 2005, 24(1): 1-7.

[152] 李帅, 朱万成, 牛雷雷, 等. 动态扰动对应力松弛岩石变形行为影响的试验研究[J]. 岩土力学, 2018, 29(8): 2795-2803.

[153] Tang C, Yang Y. Crack branching mechanism of rock-like quasi-brittle materials under dynamic stress[J]. Journal of Central South University, 2012, 19(11): 3273-3284.

［154］左宇军, 唐春安, 朱万成, 等. 动载荷作用下岩石破坏过程的数值试验研究［J］. 岩土力学, 2008, 29(4)：887-892.

［155］Christensen R J, Swanson S R, Brown W S. Split - Hopkinson - bar tests on rock under confining pressure［J］. Experimental Mechanics, 1972, 12(11)：508-513.

［156］川北稔, 木下重教, 于亚伦, 等. 用三轴霍甫金松高速冲击试验机对岩石进行冲击试验的研究［J］. 有色金属(矿山部分), 1983(6)：32-36.

［157］于亚伦, 木下重教, 川北稔. 高速冲击载荷下的岩石破碎特性［J］. 金属矿山, 1985(2)：28-31.

［158］Albertini C, Montagnani M. Study of the true tensile stress-strain diagram of plain concrete with real size aggregate：need for and design of a large Hopkinson bar bundle［J］. Le Journal de Physique IV, 1994, 4(C8)：C8-113-C8-118.

［159］Albertini C, Cadoni E, Labibes K. Study of the mechanical properties of plain concrete under dynamic loading［J］. Experimental Mechanics, 1999, 39(2)：137-141.

［160］Li X B, Chen Z H, Lei W, et al. Unloading responses of pre-flawed rock specimens under different unloading rates［J］. Transactions of Nonferrous Metals Society of China, 2019, 29(7)：1516-1526.

［161］李夕兵, 宫凤强. 基于动静组合加载力学试验的深部开采岩石力学研究进展与展望［J］. 煤炭学报, 2021, 46(3)：846-866.

［162］单仁亮, 陈石林, 李宝强. 花岗岩单轴冲击全程本构特性的实验研究［J］. 爆炸与冲击, 2000, 20(1)：32-38.

［163］单仁亮, 薛友松, 张倩. 岩石动态破坏的时效损伤本构模型［J］. 岩石力学与工程学报, 2003, 22(11)：1771-1776.

［164］陈荣, 林玉亮, 卢芳云, 等. Barre 花岗岩动态压缩破坏特性研究［J］. 岩石力学与工程学报, 2009, 28(A01)：2743-2748.

［165］陈荣, 郭弦, 卢芳云, 等. Stanstead 花岗岩动态断裂性能［J］. 岩石力学与工程学报, 2010, 29(2)：375-380.

［166］Zhou Z L, Li X B, Zuo Y J, et al. Fractal characteristics of rock fragmentation at strain rate of 100-102 s-1［J］. Journal of Central South University of Technology, 2006, 13(3)：290-294.

［167］Li P, Cai M F. Challenges and new insights for exploitation of deep underground metal mineral resources［J］. Transactions of Nonferrous Metals Society of China, 2021, 31(11)：3478-3505.

［168］李夕兵, 周健, 王少锋, 等. 深部固体资源开采评述与探索［J］. 中国有色金属学报, 2017, 27(6)：1236-1262.

［169］Hu Y B, Li W P, Wang Q Q, et al. Study on failure depth of coal seam floor in deep mining［J］. Environmental Earth Sciences. 2019, 78(24)：1-13.

［170］Yang X R, Jiang A N, Li M X. Experimental investigation of the time-dependent behavior of quartz sandstone and quartzite under the combined effects of chemical erosion and freeze-thaw cycles[J]. Cold Regions Science and Technology, 2019, 161: 51-62.

[171] Pedrosa E T, Fischer C, Morales L F G, et al. Influence of chemical zoning on sandstone calcite cement dissolution: The case of manganese and iron[J]. Chemical Geology, 2021, 559: 119952.

[172] Liu J, Shi W, Wu X. Experimental study on thermally enhanced permeability of rock with chemical agents[J]. Journal of Petroleum Science and Engineering, 2020, 195: 107895.

[173] Qu D X, Luo Y, Li X P, et al. Study on the stability of rock slope under the coupling of stress field, seepage field, temperature field and chemical field[J]. Arabian Journal for Science and Engineering, 2020, 45(10): 8315-8329.

[174] 苗胜军, 蔡美峰, 冀东, 等. 酸性化学溶液作用下花岗岩力学特性与参数损伤效应[J]. 煤炭学报, 2016, 41(4): 829-835.

[175] Miao S J, Cai M F, Guo Q F, et al. Damage effects and mechanisms in granite treated with acidic chemical solutions[J]. International Journal of Rock Mechanics and Mining Sciences, 2016, 88: 77-86.

[176] 汤连生, 张鹏程, 王思敬. 水-岩化学作用之岩石断裂力学效应的试验研究[J]. 岩石力学与工程学报, 2002, 21(6): 822-827.

[177] 孙银磊, 汤连生. 化学成分对花岗岩残积土抗拉张力学特性的影响[J]. 中山大学学报(自然科学版), 2018, 57(3): 7-13.

[178] Feng X T, Ding W X. Coupled chemical stress processes in rock fracturing[J]. Materials Research Innovations, 2011, 15(1): 547-550.

[179] Feng X T, Ding W X. Experimental study of limestone micro-fracturing under a coupled stress, fluid flow and changing chemical environment[J]. International Journal of Rock Mechanics and Mining Sciences, 2007, 44(3): 437-448.

[180] Han T L, Li Z H, Shi J P, et al. Mechanical characteristics and freeze-thaw damage mechanisms of mode-I cracked sandstone from the Three Gorges Reservoir region under different chemical solutions[J]. Arabian Journal of Geosciences, 2021, 14(11): 1-14.

[181] Han T L, Shi J P, Chen Y S, et al. Mechanism damage to mode-I fractured sandstone from chemical solutions and its correlation with strength characteristics[J]. Pure and Applied Geophysics, 2019, 176(11): 5027-5049.

[182] 李光雷, 蔚立元, 靖洪文, 等. 酸腐蚀后灰岩动态压缩力学性质的试验研究[J]. 岩土力学, 2017, 38(11): 3247-3254.

[183] 张站群, 蔚立元, 李光雷, 等. 化学腐蚀后灰岩动态拉伸力学特性试验研究[J]. 岩土工程学报, 2020, 42(6): 1151-1158.

[184] 霍润科, 王国杰, 李曙光, 等. 受酸腐蚀砂岩力学性质及孔隙结构变化研究[J]. 长江科学院院报, 2019, 36(12): 96.

[185] 霍润科, 熊爱华, 李曙光, 等. 受酸腐蚀砂岩的物理化学性质及反应动力学模型研究[J]. 沈阳建筑大学学报(自然科学版), 2020, 36(5): 893-902.

[186] 张虎元, 童艳梅, 贾全全. 强碱性溶液扩散对高庙子膨润土的化学腐蚀[J]. 岩石力学与

工程学报, 2020, 39(1): 166-176.

[187] Zhu J H, Zhang H Y, Wang Z M, et al. Physico-mechanical properties of thick paleosol in Q1 strata of the Chinese Loess Plateau and their variations during tunnel excavation [J]. Engineering Geology, 2021, 295: 106426.

[188] 马涛, 丁梧秀, 王鸿毅, 等. 酸性水化学溶液侵蚀下不同矿物成分含量灰岩溶解特性及力学特性研究[J]. 岩土工程学报, 2021, 43(8): 1550-1557.

[189] 冯夏庭, 丁梧秀. 应力-水流-化学耦合下岩石破裂全过程的细观力学试验[J]. 岩石力学与工程学报, 2005, 24(9): 1465-1473.

[190] Wang H T, Li X F, Yi X Y, et al. Laboratory investigation of proppant transportable cross-linked acid fracturing fluid system[J]. Journal of Shaanxi University of Science & Technology (Natural Science Edition), 2009, 27(6): 6-11.

[191] 伊向艺, 吴元琴, 李沁, 等. 马家沟组碳酸盐岩储层酸岩反应速率影响因素实验研究[J]. 科学技术与工程, 2012, 12(26): 6575-6578.

[192] Li N, Zhang S C, Zou Y S, et al. Experimental analysis of hydraulic fracture growth and acoustic emission response in a layered formation[J]. Rock Mechanics and Rock Engineering, 2018, 51(4): 1047-1062.

[193] Li N, Zhu Y M, Su B, et al. A chemical damage model of sandstone in acid solution[J]. International Journal of Rock Mechanics and Mining Sciences, 2003, 40(2): 243-249.

[194] 岳汉威, 马振珠, 包亦望. 酸腐蚀作用对岩石的接触变形和损伤的影响[J]. 中南大学学报(自然科学版), 2011, 42(5): 1282-1289.

[195] 岳汉威, 马振珠, 包亦望. 冲击球压法研究混凝土表面的腐蚀损伤[J]. 中国腐蚀与防护学报, 2011, 31(4): 309-314.

[196] Johnson R B. Factors That Influence the Stability of Slopes, A Literature Review[J]. Federal Highway Administration, Washington, DC, 1979, 132.

[197] Kobayashi Y. Effects of earthquakes on ground. I. Ground cracking, soil liquefaction, and sliding of slopes[J]. Journal of Physics of the Earth, 1971, 19(3): 217-229.

[198] Simek J, Spottova V, Tyls V. Application of the Finite Element Method to Landslide Analysis [J]. Bulletin of the International Association of Engineering Geology, 1977, 16: 241-244.

[199] 赵文. 岩石力学[M]. 长沙: 中南大学出版社, 2010.

[200] Lutton R J. A Mechanism for progressive rock mass failure as revealed by Loess slumps[J]. International Journal of Rock Mechanics and Mining Sciences & Geomechanics Abstracts, 1971, 8(2): 143-146.

[201] Nemčok A, Pašek J, Rybář J. Classification of landslides and other mass movements[J]. Rock Mechanics, 1972, 4(2): 71-78.

[202] 中国科学院武汉岩体土力学研究所. 岩质边坡稳定性的试验研究与计算方法[M]. 北京: 科学出版社, 1981.

[203] (英)霍克(J. S. Keates)布雷(J. W. Bray)著, 卢世宗等译. 岩石边坡工程[M]. 北京: 冶金工业出版社, 1980.

[204] 加拿大矿物和能源技术中心. 边坡工程手册 下册[M]. 北京：冶金工业出版社，1984.

[205] 张天宝. 土坡稳定分析和土工建筑物的边坡设计[M]. 成都：成都科技大学出版社，1987.

[206] Twitchell Jeffrey E. Dahlstrand Timothy K. Penstock monitoring system in active landslide areas[J]. A New View of Hydro Resources, 1991, 1802-1810.

[207] 孙玉科等. 边坡岩体稳定性分析[M]. 北京：科学出版社，1988.

[208] Jibson R W, Keefer D K. Analysis of the seismic origin of a landslide in the New Madrid Seismic Zone[J]. Seismological Research Letters, 1992, 63(3): 427-437.

[209] 何满潮. 露天矿高边坡工程[M]. 北京：煤炭工业出版社，1991.

[210] Haneberg W C. Observation and analysis of pore pressure fluctuations in a thin colluvium landslide complex near Cincinnati, Ohio[J]. Engineering Geology, 1991, 31(2): 159-184.

[211] 劳动部矿山安全卫生监察局. 露天矿场边坡稳定检测[M]. 北京：中国劳动出版社，1992.

[212] Misfeldt G A, Sauer E K, Christiansen E A. The Hepburn landslide: an interactive slope-stability and seepage analysis[J]. Canadian Geotechnical Journal, 1991, 28(4): 556-573.

[213] 中国岩石力学与岩土工程学会，水利部长江水利委员会勘测总队，四川重庆水土保持办公室. 自然边坡稳定性分析暨华蓥山边坡变形研讨会论文集[J]. 北京：地质出版社，1993.

[214] Meyer W, Schuster R L, Sabol M A. Potential for seepage erosion of landslide dam[J]. Journal of Geotechnical Engineering, 1994, 120(7): 1211-1229.

[215] 郑鑫，刘男男. 滑坡的形成机理与其安全防护措施[J]. 黑龙江科技信息，2010(12): 27.

[216] Lindholm R C. Information derived from soil maps: Areal distribution of bedrock landslide distribution and slope steepness[J]. Environmental Geology, 1994, 23(4): 271-275.

[217] 孙玉科等. 中国露天矿边坡稳定性研究[M]. 北京：中国科学技术出版社，1999.

[218] Pachauri A K, Pant M. Landslide hazard mapping based on geological attributes[J]. Engineering Geology, 1992, 32(1-2): 81-100.

[219] 张玉浩，张立宏. 边坡稳定性分析方法及其研究进展[J]. 广西水利水电，2005(2): 5.

[220] Deb D, Kaushik K N R, Choi B H, et al. Stability assessment of a pit slope under blast loading: a case study of pasir coal mine[J]. Geotechnical and Geological Engineering, 2011, 29(4): 419-429.

[221] 熊翀. 边坡稳定性分析方法综述[J]. 山西建筑，2010, 36(15): 121-122.

[222] 李双平. 边坡稳定性分析方法及其应用综述[J]. 人民长江，2010, (20): 5.

[223] 丁参军，张林洪，于国荣，等. 边坡稳定性分析方法研究现状与趋势[J]. 水电能源科学，2011, 29(8): 112-114.

[224] 吴永博，潘旦光. 矿山边坡稳定性评价及失稳预报研究现状与发展趋势[J]. 工业安全与环保，2008, 34(8): 33-36.

[225] 李文波. 岩质边坡稳定性分析方法及应用[J]. 中国水运（下半月），2008(08): 186

-189.

[226] 左治兴. 露天转地下开采过程中高陡边坡的稳定性评价与控制技术研究[D]. 长沙：中南大学，2009.

[227] 姜立春，深凸露天矿高陡边坡失稳安全环境分析及工程控制研究[D]，中南大学博士学位论文，2005.

[228] 李荣伟，侯恩科. 边坡稳定性评价方法研究现状与发展趋势[J]. 西部探矿工程，2007，19(3)：4-7.

[229] 卢廷浩，高贵全. 有效应力概念下瑞典条分法稳定安全系数公式讨论[J]. 水利水电科技进展，2011，31(2)：43-45.

[230] 梅胜全，梅小平. 应用免疫粒子群算法进行边坡稳定性分析[J]. 地下空间与工程学报，2009，5(06)：1267-1271.

[231] Samar S K. Stability analysis of embankments and slope. Gectechnique[J], 1973, 23(3)：420-433.

[232] 苏忖安，盛松涛. 改进 Sarma 法在岩质高边坡开挖稳定分析中的应用[J]. 人民长江，2010，41(10)：42-44.

[233] 李建明，张延军，黄贤龙，等. Sarma 法在不同方位地震力下的计算研究[J]. 工程地质学报，2011，19(5)：725-731.

[234] 王旭，李显忠. 结合 Morgenstern-Price 法与 Sarma 法计算岩质-土质混合边坡稳定性[J]. 工程质量，2010，28(08)：72-75，78.

[235] 蒋水华，李典庆. 基于随机响应面法和 Sarma 法的边坡可靠度分析[J]. 铁道工程学报，2011，28(07)：21-27，33.

[236] 苏军，杨小聪. 基于斯宾塞法假设的临界滑动场法的实现及应用[J]. 矿冶，2004，(01)：21-25，32.

[237] 李亮，迟世春，郑榕明，等. 土坡非圆临界滑动面求解的混合搜索方法[J]. 中国公路学报，2007，20(6)：1-6.

[238] 杨晓娟，郑俊. 基于 SLOPEP/W 的某水电站库首右岸高边坡的稳定性评价[J]. 吉林水利，2009(9)：16-18.

[239] 黄波林，许模. 三峡水库水位上升对香溪河流域典型滑坡的影响分析[J]. 防灾减灾工程学报，2006，26(3)：290-295.

[240] 张丹，李同春，乐成军. 论传递系数法求边坡稳定安全系数的两种解法[J]. 水利水电科技进展，2004，24(2)：23-25.

[241] 周海清，刘东升，陈正汉，等. 基于传递系数法的滑面指标反算方法的研究[J]. 地下空间与工程学报，2010，6(6)：1161-1167.

[242] Hürlimann M, Ledesma A, Corominas J, et al. The deep-seated slope deformation at Encampadana, Andorra：Representation of morphologic features by numerical modelling[J]. Engineering Geology, 2006, 83(4)：343-357.

[243] 林杭. 基于线性与非线性破坏准则的边坡强度折减法研究[D]. 长沙：中南大学，2010.

[244] Inan A, Balas L. Numerical modeling of mild slope equation with finite volume method[J].

WSEAS Transactions on Mathematics, 2008, 7(5): 234-243.

[245] 陈胜宏. 高坝复杂岩石地基及岩石高边坡稳定分析[M]. 北京: 中国水利水电出版社, 2001.

[246] Friocourt Y, Drijfhout S, Blanke B. On the dynamics of the slope current system along the West European Margin. Part I: Analytical calculations and numerical simulations with steady-state forcing[J]. Journal of physical oceanography, 2008, 38(12): 2597-2618.

[247] 熊传治. 岩石边坡工程: Rock slope engineering[M]. 长沙: 中南大学出版社, 2010.

[248] Mrozowski J, Awrejcewicz J. Changes in the gait characteristics caused by external load, ground slope and velocity variation[J]. Communications in Nonlinear Science and Numerical Simulation, 2011, 16(5): 2313-2318.

[249] 周莲君. 层状岩体破坏特征的试验和数值分析及其边坡稳定性研究[M]. 长沙: 中南大学出版社, 2009.

[250] Liang R Y, Yamin M. Three-dimensional finite element study of arching behavior in slope/drilled shafts system [J]. International Journal for Numerical and Analytical Methods in Geomechanics, 2010, 34(11): 1157-1168.

[251] 杨天鸿. 渗流作用下露天矿边坡动态稳定性及控制技术: 抚顺西露天矿北帮边坡为例[M]. 北京: 科学出版社, 2011.

[252] Tan D, Sarma S K. Finite element verification of an enhanced limit equilibrium method for slope analysis[J]. Geotechnique, 2008, 58(6): 481-487.

[253] 赵炼恒. 边坡稳定性与加固设计的能量分析方法[M]. 长沙: 中南大学出版社, 2009.

[254] Belibassakis K A. A boundary element method for the hydrodynamic analysis of floating bodies in variable bathymetry regions[J]. Engineering Analysis With Boundary Elements, 2008, 32(10): 796-810.

[255] 谢谟文, 蔡美峰. 信息边坡工程学的理论与实践[M]. 北京: 科学出版社, 2005.

[256] Payne G S, Taylor J R M, Bruce T, et al. Assessment of boundary-element method for modelling a free-floating sloped wave energy device. Part 1: Numerical modelling[J]. Ocean Engineering, 2008, 35(3-4): 333-341.

[257] Monjezi M, Goshtasbi K, Rezakhah M, et al. Design of stable slopes for Songun copper mine [J]. Mining Technology, 2007, 116(3): 146-152.

[258] Newman M P, Bartlett S F, Lawton E C. Numerical modeling of geofoam embankments[J]. Journal of geotechnical and geoenvironmental engineering, 2010, 136(2): 290-298.

[259] Rizzuto J P. Dodecahedric mutually supported element space structure: Numerical modelling [J]. Journal of the International Association for Shell and Spatial Structures, 2008, 49(1): 3-18.

[260] Gabrieli F, Cola S, Simonini P, et al. Effect of drying on a granular slope physical model analysed by Discrete Element Method (DEM) [J]. Numerical Methods in Geotechnical Engineering - Proceedings of the 7th European Conference on Numerical Methods in Geotechnical Engineering, 2010, 213-218.

[261] Nakashima H, Fujii H, Oida A, et al. Discrete element method analysis of single wheel performance for a small lunar rover on sloped terrain[J]. Journal of Terramechanics, 2010, 47(5): 307-321.

[262] Grasselli G, Lisjak A, Mahabadi O K, et al. Slope stability analysis using a hybrid Finite-Discrete Element method code (FEMDEM)[J]. Harmonising Rock Engineering and the Environment - Proceedings of the 12th ISRM International Congress on Rock Mechanics, 2012, 1905-1910.

[263] 章青. 岩体不连续结构面变形研究与界面应力元法[J]. 徐州建筑职业技术学院学报, 2002, 2(3): 12-16.

[264] Miki S, Sasaki T, Koyama T, et al. Development of coupled discontinuous deformation analysis and numerical manifold method (NMM - DDA)[J]. International Journal of Computational Methods, 2010, 7(01): 131-150.

[265] Ma G, Kaneko F, Hori S, et al. Use of discontinuous deformation analysis to evaluate the dynamic behavior of submarine tsunami - generating landslides in the marmara sea[J]. International Journal of Computational Methods, 2011, 8(02): 151-170.

[266] 钱莹, 杨军, 王兵臣. 岩石巴西圆盘动态劈裂的流形元法模拟[J]. 爆炸与冲击, 2009, 29(1): 23-28.

[267] 赵妍, 张国新, 林易澍, 等. 基于数值流形元法的混凝土力学特性数值试验[J]. 中国水利水电科学研究院学报, 2011, 9(2): 88-95.

[268] 张国新. 流形元法与结构模拟分析[J]. 中国水利水电科学研究院学报, 2003, 1(1): 63-69, 74.

[269] Onisiphorou C. Reliability based assessment of rock slope stability[J]. Rock Mechanics in Civil and Environmental Engineering - Proceedings of the European Rock Mechanics Symposium, EUROCK, 2010, 563-566.

[270] 祝玉学. 边坡可靠性分析[M]. 北京: 冶金工业出版社, 1993.

[271] Samui P, Lansivaara T, Kim D, Utilization relevance vector machine for slope reliability analysis[J]. Applied Soft Computing, 2011, 11(5), 4036-4040.

[272] Thom K. Structure Stability and Morphogenesis Reading[M]. Mass: Beniamin, 1975.

[273] 许强. 反倾层结构岩体弯曲拉裂变形的 CUSP 突变分析[J]. 工程地质进展, 成都: 西南交通大学出版社, 1993.

[274] 秦四清, 张倬元, 王士天. 顺层斜坡失稳的突变理论分析[J]. 中国地质灾害与防治学报, 1993, (1): 40-47.

[275] 于德海, 彭建兵. 边坡演化与现代系统科学的关系[J]. 大连海事大学学报, 2010, 36(2): 105-108.

[276] 颜可珍, 廖华容. 基于突变理论的路基边坡冲刷稳定性评价[J]. 长安大学学报: 自然科学版, 2011, 31(2): 29-32.

[277] 周利杰, 方云. 降雨作用下反倾岩质边坡尖点突变模型研究[J]. 水利与建筑工程学报, 2008, 6(4): 130-131.

[278] 姜永东, 鲜学福, 易俊. 边坡失稳的尖点突变模型研究[J]. 重庆建筑大学学报, 2008, 30(1): 40-43.

[279] 刘文方, 隋严春, 周菊芳, 等. 含软弱夹层岩体边坡的突变模式分析[J]. 岩石力学与工程学报, 2006 (z1): 2663-2669.

[280] 张国祥, 刘宝琛. 潜在滑移面理论及其在边坡分析中的应用[M]. 长沙: 中南大学出版社, 2003.

[281] Tolooiyan A, Abustan I, Selamat M R, et al. A comprehensive method for analyzing the effect of geotextile layers on embankment stability[J]. Geotextiles and Geomembranes, 2009, 27 (5): 399-405.

[282] Ehrenmark U. Computing the continuous-spectrum linearised bounded standing wave on a plane bed of arbitrary slope[J]. Journal of Engineering Mathematics, 2005, 53(2): 113-138.

[283] 黄建文, 李建林, 周宜红. 基于 AHP 的模糊评判法在边坡稳定性评价中的应用[J]. 岩石力学与工程学报, 2007, 26(A01): 2627-2632.

[284] 彭文祥. 岩质边坡稳定性模糊分析及耒水小东江电站左岸滑坡治理研究[J]. 长沙: 中南大学出版社, 2003.

[285] Cevik A, Sezer E A, Cabalar A F, et al. Modeling of the uniaxial compressive strength of some clay-bearing rocks using neural network[J]. Applied Soft Computing, 2011, 11 (2): 2587-2594.

[286] 薛新华, 张我华, 刘红军. 基于 SOFM 神经网络的边坡稳定性评价[D]. 岩土力学, 2008, 29(8): 2236-2240.

[287] Sonmez H, Gokceoglu C, Nefeslioglu H A, et al. Estimation of rock modulus: for intact rocks with an artificial neural network and for rock masses with a new empirical equation[J]. International Journal of Rock Mechanics and Mining Sciences, 2006, 3(2): 224-235.

[288] 麻官亮, 邵玉刚. 基于径向基神经网络的边坡稳定性评估方法[J]. 建筑技术, 2012, 43 (2): 175-176.

[289] Mert E, Yilasz S, İnal M. An assessment of total RMR classification system using unified simulation model based on artificial neural networks[J]. Neural Computing and Applications, 2011, 20(4): 603-610.

[290] 陈新民, 罗国煜. 基于经验的边坡稳定性灰色系统分析与评价[J]. 岩土工程学报, 1999, 21(5): 638-641.

[291] 傅立. 灰色系统理论及其应用[M]. 北京: 科学技术文献出版社, 1992.

[292] 易德生, 郭萍. 灰色理论与方法: 提要、题解、程序、应用[M]. 北京: 石油工业出版社, 1992.

[293] 谢全敏, 夏元友. 基于遗传算法的边坡稳定性评价的动态聚类法[J]. 岩土力学, 2002, 23(2): 170-172.

[294] 柴贺军, 王忠, 刘浩吾. 土质边坡稳定性评价进化遗传算法[J]. 山地学报, 2001, 19 (2): 180-184.

[295] 张学喜, 王国体, 张明. 基于加速遗传算法的投影寻踪评价模型在边坡稳定性评价中的

应用[J]. 合肥工业大学学报：自然科学版，2008，31(3)：430-432.

[296] Abusham E E A, Jin A T B, Kiong W E, et al. Face recognition based on nonlinear feature approach[J]. American Journal of Applied Sciences, 2008, 5(5)：574-580.

[297] Vankayalapati H D, Kyamakya K. Nonlinear feature extraction approaches with application to face recognition over large databases[C]. 2009 2nd International Workshop on Nonlinear Dynamics and Synchronization. IEEE, 2009：44-48.

[298] Bustos Matias A, Duarte - Mermoud, Manuel A, Beltran, Nicolas H. Nonlinear feature extraction using fisher criterion[J]. International Journal of Pattern Recognition and Artificial Intelligence, 2008, 22(06)：1089-1119.

[299] 黄敬林，刘保县. 边坡岩体系统演化的非线性动力学方法研究[J]. 西昌学院学报：自然科学版，2007，21(3)：52-55.

[300] 谭文辉，蔡美峰，乔兰. 边坡岩体系统演化的非线性动力学模拟研究[J]. 中国地质灾害与防治学报，2003，14(2)：98-102.

[301] Swarnavel S, Dhanarani E D, Devi P S, et al. Control of chaos in a current mode controlled DC - DC flyback converter using Slope compensation method[C]//2011 International Conference on Recent Adancements in Electeical, Electronics and Control Engineering. IEEE, 2011：363-366.

[302] Awrejcewics J, Krysko V A, Parkova I V, et al. Routes to chaos in continuous mechanical systems. Part 1：Mathematical models and solution methods[J]. Chaos, Solitons & Fractals, 2012, 45(6)：687-708.

[303] 金海元. 边坡位移时序预测的组合模型研究[J]. 三峡大学学报(自然科学版)，2010，32(4)：59-62.

[304] 姜彤，赵彦彦，王忠福. 边坡动力响应的非线性特征分析[J]. 世界地震工程，2010，26(2)：125-129.

[305] 吴晓锁，蒋斌松，管延华，等. 岩体变形的替代数据混沌判定方法研究[J]. 岩石力学与工程学报，2009，28(S2)：3325-3329.

[306] 吴晓锁，蒋斌松，王东权. 枣林滑坡的混沌判断和预测[J]. 公路交通科技(应用技术版)，2009，5(11)：34-37.

[307] 刘志平，何秀凤，何习平. 基于多变量最大 Lyapunov 指数高边坡稳定分区研究[J]. 岩石力学与工程学报，2008，27(S2)：3719-3724.

[308] 张安兵，高井祥，刘新侠，等. 边坡变形时序非线性判定及混沌预测研究[J]. 中国安全科学学报，2008，18(4)：55-60.

[309] 黄志全，樊敬亮，王思敬. 混沌时间序列预测的局域法在边坡变形分析中的应用[J]. 工程地质学报，2005，13(2)：252-256.

[310] Jordan G, Schott B. Application of wavelet analysis to the study of spatial pattern of morphotectonic lineaments in digital terrain models[J]. A case study. Remote Sensing of Environment, 2005, 94(1)：31-38.

[311] 黄永红，徐勇. 基于小波神经网络的某边坡预测研究[J]. 四川理工学院学报(自然科学

版), 2011, 24(3): 370-372.

[312] 毛亚纯, 贾葳葳, 沙成满, 等. 基于小波分析的灰色预测法预测边坡变形[J]. 矿业工程, 2010, 8(6): 17-20.

[313] 李长洪, 范丽萍, 郭俊温. 小波神经网络在露天矿边坡变形预测中的应用[J]. 中国矿业, 2010, 19(7): 77-79.

[314] 马文涛. 基于小波变换和 GALSSVM 的边坡位移预测[J]. 岩土力学, 2009, 30(S2): 394-398.

[315] 秦真珍, 杨帆, 徐佳. 基于小波神经网络的边坡预报模型研究[J]. 城市勘测, 2009(4): 138-140.

[316] 曾开华, 张忠坤, 吴九红. 分形在边坡预测中的应用[J]. 地下空间, 1999, 19(1): 35-39.

[317] 付义祥, 刘志强. 边坡位移的混沌时间序列分析方法及应用研究[J]. 武汉理工大学学报(交通科学与工程版), 2003, 27(4): 473-476.

[318] 张飞, 李华, 于玲. GP 算法在边坡变形位移预测中的应用[J]. 黄金, 2001, 22(9): 15-17.

[319] Putnam N H, Reppert P M, Blouin S E, et al. Seismic Wavespeed Used to Approximate Rock Mass Quality In Unweathered Sandstone[C]. 44th US Rock Mechanics Symposium and 5th US-Canada Rock Mechanics Symposium. OnePetro, 2010.

[320] Kim Y, Bruland A. Effect of rock mass quality on construction time in a road tunnel[J]. Tunnelling and Underground Space Technology, 2009, 24(5): 584-591.

[321] Assim A J, Zhang Y X. Most used rock mass classifications for underground opening[J]. American Journal of Engineering and Applied Sciences, 2010, 3(2): 403-411.

[322] Gupta M C, Singh B K, Singh K N. Engineering geological rock mass classification of Punasa tunnel site, Khandwa District, Madhya Pradesh[J]. Journal of the Geological Society of India, 2011, 77(3): 269-272.

[323] 李辉, 季惠彬, 晏鄂川, 等. 地下水封洞库岩体质量可拓评价[J]. 长江科学院院报, 2011, 28(8): 55-58.

[324] Tuğrul A. The application of rock mass classification systems to underground excavation in weak limestone, Atatürk Dam, Turkey[J]. Engineering Geology, 1998, 50(3-4): 337-345.

[325] He M C, Feng J L, Sun X M. Stability evaluation and optimal excavated design of rock slope at Antaibao open pit coal mine, China[J]. International Journal of Rock Mechanics and Mining Sciences, 2008, 45(3): 289-302.

[326] Arif I, Sulistianto B, Wattimena R K, et al. Slope Stability Analysis at Granite Quarry with Complex Geological Structure - Case Study at Granite Quarry, Karimun Island, Indonesia[J]. Australasian Institute of Mining and Metallurgy Publication Series, 2003, 1: 179-185.

[327] Stacey T R, Considerations of failure mechanisms associated with rock slope instability and consequences for stability analysis[J]. Journal of The South African Institute of Mining and Metallurgy, 2006, 106(7): 485-493.

[328] Boyer D D, Ferguson K A. Important factors to consider in properly evaluating the stability of rock slopes[M]. Slope Stability 2000. 2000：58-71.

[329] 中国科学院地质研究所工程地质力学开放研究实验室. 谷德振文集[M]. 北京：地震出版社，1994.

[330] Adams E, McKittrick L, Slaughter A, et al. Modeling variation of surface hoar and radiation recrystallization across a slope [C]. International Snow Science Workshop, Davos, Switzerland. 2009.

[331] Ercelebi S G, Ozturk C A, Ozkan M, et al. Slope stability analysis of underground water induced failure for kestelek open pit boron mine in Turkey[C]. 45th US Rock Mechanics / Geomechanics Symposium, OnePetro, 2011.

[332] Ferrero A M, Migliazza M, Roncella R, et al. Rock slopes risk assessment based on advanced geostructural survey techniques[J]. Landslides, 2011, 8(2)：221-231.

[333] Okubo Chris H. Rock mass strength and slope stability of the Hilina slump, Kilauea volcano, Hawai'i[J]. Journal of Volcanology and Geothermal Research, 2004, 138(1-2)：43-76.

[334] 侯木舟. 基于构造型前馈神经网络的函数逼近与应用[D]. 长沙：中南大学，2009.

[335] 何国光，周坚强. 基于前向神经网络的知识获取[J]. 吉首大学学报：自然科学版，2002, 23(2)：62-65.

[336] 张际先宓霞. 神经网络及其在工程中的应用[M]. 北京：机械工业出版社，1996.

[337] 丛爽. 面向 MATLAB 工具箱的神经网络理论与应用[M]. 3 版. 合肥：中国科学技术大学出版社，2009.

[338] Choi C, Lee J J. Chaotic local search algorithm[J]. Artificial Life and Robotics, 1998, 2 (1)：41-47.

[339] 沈世镒. 神经网络系统理论及其应用[M]. 北京：科学出版社，1998.

[340] 罗四维. 人工神经网络建造[M]. 北京：中国铁道出版社，1998.

[341] Rasa E, Ketabchi H, Afshar M. Predicting density and compressive strength of concrete cement paste containing silica fume using ar-tificial neural networks[J], 2009.

[342] 戴葵. 神经网络实现技术[M]. 长沙：国防科技大学出版社，1998.

[343] Kousiouris G, Cucinotta T, Varvarigou T. The effects of scheduling, workload type and consolidation scenarios on virtual machine performance and their prediction through optimized artificial neural networks[J]. Journal of Systems and Software, 2011, 84(8)：1270-1291.

[344] 兰雪梅，朱键，黄承明. BP 网络的 MATLAB 实现[J]. 微型电脑应用，2003, 19(01)：6-8.

[345] 飞思科技产品研发中心. MATLAB 6.5 辅助神经网络分析与设计[M]. 北京：电子工业出版社，2003.

[346] Mustafa E R. Characterization of Internal Learning Parameters in Artificial Neural Networks [C]. 2009 International Association of Computer Science and Information Technology-Spring Conference. IEEE, 2009：208-211.

[347] 余英林，李海洲. 神经网络与信号分析[M]. 广州：华南理工大学出版社，1996：435.

[348] 周开利，康耀红. 神经网络模型及其 MATLAB 仿真程序设计[M]. 北京：清华大学出版

社, 2005.

[349] Kobayashi M, Hattori M, Yamazaki H. Multidirectional associative memory with a hidden layer [J]. Systems and Computers in Japan, 2002, 33(6): 1-9.

[350] 邓聚龙. 灰色系统基本方法[M]. 武汉: 华中理工大学出版社, 1988.

[351] 邓聚龙. 灰理论基础[M]. 武汉: 华中科技大学出版社, 2002.

[352] 周科平. 充填体粒径分布对其强度影响的灰色关联分析[J]. 矿业研究与开发, 1995, 15 (4): 32-35.

[353] 文志杰, 黄景, 蒋宇静, 等. 动静组合循环加载试验系统研制及试验[J]. 中南大学学报 (自然科学版), 2021, 52(8): 2817-2827.

[354] Wang P, Yin T, Li X, et al. Dynamic properties of thermally treated granite subjected to cyclic impact loading[J]. Rock Mechanics and Rock Engineering, 2019, 52(4): 991-1010.

[355] Mohr D, Gary G, Lundberg B. Evaluation of stress-strain curve estimates in dynamic experiments[J]. International Journal of Impact Engineering, 2010, 37(2): 161-169.

[356] 余雄. 冲击速度和含水率对红砂岩动态响应特性的影响[D]. 赣州: 江西理工大学, 2021.

[357] Li Z, Li J, Li H, et al. Effects of a set of parallel joints with unequal close-open behavior on stress wave energy attenuation[J]. Waves in Random and Complex Media, 2021, 31(6): 2427-2451.

[358] Sheinin V I, Blokhin D I, Maksimovich I B, et al. Experimental research into thermomechanical effects at linear and nonlinear deformation stages in rock salt specimens under cyclic loading[J]. Journal of Mining Science, 2016, 52(6): 1039-1046.

[359] Li N, Zhou Y, Li H. Experimental study for the effect of joint surface characteristics on stress wave propagation[J]. Geomechanics and Geophysics for Geo-Energy and Geo-Resources, 2021, 7(3): 1-15.

[360] 金解放. 静载荷与循环冲击组合作用下岩石动态力学特性研究[D]. 长沙: 中南大学, 2012.

[361] 宫凤强. 动静组合加载下岩石力学特性和动态强度准则的试验研究[D]. 长沙: 中南大学, 2010.

[362] 李地元, 成腾蛟, 周韬, 等. 冲击载荷作用下含孔洞大理岩动态力学破坏特性试验研究 [J]. 岩石力学与工程学报, 2015, 34(2): 249-260.

[363] Ma M, Brady B H. Analysis of the dynamic performance of an underground excavation in jointed rock under repeated seismic loading[J]. Geotechnical & Geological Engineering, 1999, 17(1): 1-20.

[364] Li D, Xiao P, Han Z, et al. Mechanical and failure properties of rocks with a cavity under coupled static and dynamic loads[J]. Engineering Fracture Mechanics, 2020, 225: 106195.

[365] Liu W, Hu C, Li L, et al. Experimental study on dynamic notch fracture toughness of V-notched rock specimens under impact loads[J]. Engineering Fracture Mechanics, 2022, 259: 108109.

[366] Xu J. Debris slope stability analysis using three-dimensional finite element method based on maximum shear stress theory[J]. Environmental Earth Sciences, 2011, 64(8): 2215-2222.

[367] Huang T, Cao L, Cai J, et al. Experimental investigation on rock structure and chemical properties of hard brittle shale under different drilling fluids[J]. Journal of Petroleum Science and Engineering, 2019, 181: 106185.

[368] 王芬奇, 李骛, 曾代梅, 等. 动压荷载下含水率对混凝土破碎块度及分形特征影响研究[J]. 建筑科学, 2020, 36(5): 120-125.

[369] 祝文化, 明锋, 宋成梓. 爆破荷载作用下岩体损伤破坏的分形研究[J]. 岩土力学, 2011, 32(10): 3131-3135.

[370] 侯文光, 秦金辉. 动载荷下含水率对黄砂岩的分形特征及比表面能的影响[J]. 武汉工程大学学报, 2021, 43(3): 307-312.

[371] Yang J, Zhao K, Song Y, et al. Acoustic emission characteristics and fractal evolution of rock splitting and failure processes under different loading rates[J]. Arabian Journal of Geosciences, 2022, 15(3): 1-14.

[372] Li Y, Peng J, Zhang L, et al. Quantitative evaluation of impact cracks near the borehole based on 2D image analysis and fractal theory[J]. Geothermics, 2022, 100: 102335.

[373] 丁自伟, 李小菲, 唐青豹, 等. 砂岩颗粒孔隙分布分形特征与强度相关性研究[J]. 岩石力学与工程学报, 2020, 39(9): 1787-1796.

[374] 谢桂华. 岩土参数随机性分析与边坡稳定可靠度研究[D]. 长沙: 中南大学出版社, 2009.

[375] Bafghi A R Y, Verdel T. Sarma-based key-group method for rock slope reliability analyses[J]. International journal for numerical and analytical methods in geomechanics, 2005, 29(10): 1019-1043.

[376] 谭文辉, 蔡美峰. 边坡工程广义可靠性理论与实践[M]. 北京: 科学出版社, 2010.

[377] 黄志全. 边坡工程非线性分析理论及应用[M]. 郑州: 黄河水利出版社, 2005.

[378] Griffiths D V, Huang J, Fenton G A. Influence of spatial variability on slope reliability using 2-D random fields[J]. Journal of geotechnical and geoenvironmental engineering, 2009, 135(10): 1367-1378.

[379] 王家臣. 边坡工程随机分析原理[M]. 北京: 煤炭工业出版社, 1996.

[380] 陈士华, 陆君安. 混沌动力学初步[M]. 武汉: 武汉水利电力大学出版社, 1998.

[381] 胡厚田, 韩会增, 吕小平. 边坡地质灾害的预测预报[M]. 成都: 西南交通大学出版社, 2001.

[382] 陈祖煜, 汪小刚. 岩质边坡稳定分析: 原理·方法·程序[M]. 北京: 中国水利水电出版社, 2005.

[383] 王文忠, 冉启发, 孙世国, 等. 高陡软岩边坡控制与智能匹配优化设计技术[M]. 北京: 科学出版社, 2008.

[384] 马越平, 宁淑平, 李晓玲, 等. 应用灰色聚类方法评价边坡稳定性[J]. 内蒙古煤炭经济, 2004(2): 78-81.

[385] 谢全敏, 夏元友. 边坡稳定性评价的自适应模拟退火聚类分析法[J]. 灾害学, 2002, 17 (1): 15-19.

[386] 谢全敏, 夏元友. 岩体边坡稳定性的可拓聚类预测方法研究[J]. 岩石力学与工程学报, 2003, 22(3): 438-441.

[387] 李怀珍, 邓广涛. 岩质边坡稳定性预测的 BP 网络法[J]. 地质灾害与环境保护, 2006, 17(3): 106-109.

[388] 董陇军, 李夕兵, 宫凤强. 膨胀土胀缩等级分类的未确知均值聚类方法及应用[J]. 中南大学学报(自然科学版), 2008, 39(5): 1075-1080.

[389] 董陇军, 李夕兵, 宫凤强. 地下开采引发地面沉陷的未确知聚类预测方法[J]. 中国地质灾害与防治学报, 2008, 19(2): 95-99.

[390] 董陇军, 王飞跃. 基于未确知测度的边坡地震稳定性综合评价[J]. 中国地质灾害与防治学报, 2007, 18(4): 74-78.

[391] Dong L, Peng G, Fu Y, et al. Unascertained measurement classifying model of goaf collapse prediction[J]. Journal of Coal Science and Engineering (China), 2008, 14(2): 221-224.

[392] 刘开第, 庞彦军, 孙光勇, 等. 城市环境质量的未确知测度评价[J]. 系统工程理论与实践, 1999, 19(12): 52-58.

[393] 曹庆奎, 刘开展, 张博文. 用熵计算客观型指标权重的方法[J]. 河北建筑科技学院学报, 2000, 17(3): 40-42.

[394] 陈国荣. 弹性力学[M]. 南京: 河海大学出版社, 2002.

[395] 丛爱岩, 成枢, 刘春, 等. 时序分析法在岩层与地表移动中的应用[J]. 中国矿业大学学报, 1999, 28(2): 159-161.

[395] 丛爱岩, 成枢, 刘春, 等. 时序分析法在岩层与地表移动中的应用[J]. 中国矿业大学学报, 1999, 28(2): 159-161.

[396] Lin C N, Jiao Y Y, Liu Q S. Site experiment for predicting hazardous geological formations ahead of tunnel face[C]. Key Engineering Materials. Trans Tech Publications Ltd, 2006, 326: 461-464.

[397] 吴彤. 非线性动力学混沌理论方法及其意义[J]. 清华大学学报(哲学社会科学版), 2000, 15(3): 72-79.

[398] Serletis A, Shintani M. No evidence of chaos but some evidence of dependence in the US stock market[J]. Chaos, Solitons & Fractals, 2003, 17(2-3): 449-454.

[399] Sivakumar B. Chaos theory in geophysics: past, present and future[J]. Chaos, Solitons & Fractals, 2004, 19(2): 441-462.

[400] Gitterman M. Order and chaos: are they contradictory or complementary? [J]. European journal of physics, 2002, 23(2): 119.

[401] 张雷, 沈明荣, 石振明. 岩体边坡工程中的位移监测及分析[J]. 岩土力学, 2003, 24 (S1): 202-205.

[402] 姚洪兴. 混沌经济系统的复杂性及非线性方法的研究[D]. 东南大学博士学位论文, 2001.

［403］郁俊莉. 资本市场非线性特性与混沌控制研究［D］. 天津大学博士学位论文, 2001.

［404］曾开华, 陆兆溱. 边坡变形破坏预测的混沌与分形研究［J］. 河海大学学报(自然科学版), 1999, 27(3): 9-13.

［405］Sivakumar B, Jayawardena A W, Fernando T. River flow forecasting: use of phase-space reconstruction and artificial neural networks approaches［J］. Journal of hydrology, 2002, 265 (1-4): 225-245.

［406］简相超, 郑君里. 混沌和神经网络相结合预测短波通信频率参数［J］. 清华大学学报(自然科学版), 2001, 41(1): 16-19.

［407］Albano A M, Muench J, Schwartz C, et al. Singular-value decomposition and the Grassberger -Procaccia algorithm［J］. Physical review A, 1988, 38(6): 3017.

［408］Tiwari R K, Rao K N N. Phase space structure, attractor dimension, Lyapunov exponent and nonlinear prediction from Earth's atmospheric angular momentum time series［J］. pure and applied geophysics, 1999, 156(4): 719-736.

［409］安鸿志. 非线性时间序列分析［M］. 上海: 上海科学技术出版社, 1998.

［410］权先璋, 蒋传文, 张勇传. 径流预报的混沌神经网络理论及应用［J］. 武汉城市建设学院学报, 1999, 16(3): 33-36.

［411］Wolf A, Swift J B, Swinney H L, et al. Determining Lyapunov exponents from a time series ［J］. Physica D: nonlinear phenomena, 1985, 16(3): 285-317.

［412］Taherkhani A, Seyyedsalehi S A, Jafari A H. Design of a chaotic neural network for training and retrieval of grayscale and binary patterns［J］. Neurocomputing, 2011, 74(17): 2824 -2833.

［413］Yoshida H, Kurata S, Li Y, et al. Chaotic neural network applied to two-dimensional motion control［J］. Cognitive neurodynamics, 2010, 4(1): 69-80.

［414］Gavrilova Marina L, Ahmadian Kushan. Dealing with biometric multi-dimensionality through chaotic neural network methodology［J］. International Journal of Information Technology and Management, 2012, 11(1-2): 18-34.

［415］Sun M, Cao W, Wang S. Chaotic neural network with double self-feedbacks and its application［C］. 2010 Sixth International Conference on Natural Computation. IEEE, 2010, 2: 772-776.

［416］Gavrilova M, Ahmadian K. On-demand chaotic neural network for broadcast scheduling problem［J］. The Journal of Supercomputing, 2012, 59(2): 811-829.